U0185738

北京中轴线知识一点通

刘阳 编著

清華大學出版社
北京

图书在版编目(CIP)数据
北京中轴线知识一点通 / 刘阳编著. -- 北京 : 清华大学出版社, 2024. 8. -- ISBN 978-7-302-66866-4
Ⅰ. TU-87
中国国家版本馆CIP数据核字第2024LC8275号

责任编辑：孙元元
封面设计：谢晓翠
责任校对：王淑云
责任印制：杨 艳

出版发行：清华大学出版社
网 址：https://www.tup.com.cn, https://www.wqxuetang.com
地 址：北京清华大学学研大厦A座 邮 编：100084
社 总 机：010-83470000 邮 购：010-62786544
投稿与读者服务：010-62776969, c-service@tup.tsinghua.edu.cn
质量反馈：010-62772015, zhiliang@tup.tsinghua.edu.cn
印 装 者：小森印刷（北京）有限公司
经 销：全国新华书店
开 本：140mm × 210mm 印 张：5 插 页：1 字 数：120千字
版 次：2024年8月第1版 印 次：2024年8月第1次印刷
定 价：79.00元

产品编号：107752-01

目　　录

一、综述

二、钟鼓楼

三、万宁桥

四、火德真君庙

五、地安门

六、景山

七、故宫

八、太庙

九、社稷坛（中山公园）

十、天安门

十一、天安门广场建筑群

十二、正阳门（前门）

十三、天桥地区

十四、天坛

十五、先农坛

十六、永定门

一、综述

1. “北京中轴线文化遗产”是指什么?

北京中轴线文化遗产，是指北端为北京鼓楼、钟楼，南端为永定门，纵贯北京老城，全长 7.8 公里，由古代皇家建筑、城市管理设施和居中历史道路、现代公共建筑和公共空间共同构成的城市历史建筑群。

2. 北京中轴线上的建筑保护对象包括哪些?

北京鼓楼、钟楼，地安门外大街、万宁桥、地安门内大街、景山、故宫、太庙、社稷坛，天安门、天安门广场建筑群，正阳门、前门大街、天桥南大街、天坛、先农坛、永定门御道遗存、永定门等建筑点。

3. “中轴线”概念是谁提出的?

梁思成。1951 年 2 月 19 日、20 日，梁思成在《人民日报》（第 967 号和第 968 号）上发表了《我国伟大的建筑传统与遗产》，在文章的最后明确提出了“中轴线”的概念。

4. 北京中轴线上有几座桥?

北京中轴线上曾有七座古桥，从北到南依次是：万宁桥、神武桥、内金水桥、外金水桥、正阳桥、天桥和永定门桥。如今，神武桥和天桥已不是原来的样子，而正阳桥和永定门桥也被现代的前门大街和永定门立交桥取代。

5. 北京中轴线第一张照片是谁拍摄的?

英军随军摄影师费利斯 · 比托（Felice Beato），在 1860

年 10 月拍摄了大清门及棋盘街广场六张全景照片。

6.《北京中轴线文化遗产保护条例》是在哪年通过并实施的？

2022 年 5 月 25 日，北京市第十五届人民代表大会常务委员会第三十九次会议通过《北京中轴线文化遗产保护条例》，自 2022 年 10 月 1 日起施行。

7.《北京中轴线保护管理规划（2022 年—2035 年）》是哪一年公布实施的？

2023 年 1 月 28 日，经北京市政府常务会议审议通过的《北京中轴线保护管理规划（2022 年—2035 年）》正式公布实施。

二、钟鼓楼

8. 北京中轴线上最高的一组古代建筑是什么?

钟鼓楼。位于中轴线的最北端，钟楼通高 47.9 米，鼓楼通高 46.7 米。

美国人甘博站在鼓楼上拍摄的钟楼（1917—1919）

9. 北京钟鼓楼有什么作用?

钟鼓楼在古代主要用于报时和报警。

10. 北京中轴线上的钟楼是建成之初的样子吗?

钟楼建于永乐十八年（1420）。北京钟楼和鼓楼同时建成，但建成没多久钟楼被烧毁，乾隆十年（1745）重修，即现在的砖石结构。

钟楼

11. 钟楼的75阶楼梯有什么寓意?

"7"一直被视作极其重要的数字。月亮的运转周期是28天，以7天为一个阶段，一周有7天。"7"和"5"都是阳数。在中国传统文化里，"7"其实是阴阳与五行（水、火、木、金、土五种物质）之和，这是儒家"和"的状态，也是道家的"道"与"气"，都与"善""美"有着密切关系。"5"在《说文解字》中解释为：阴阳在天地间交午也。"5"还表示五行。

钟楼楼梯

12. 钟鼓楼报时，先撞钟还是先击鼓？

北京钟鼓楼在600多年的报时历史中，始终先击鼓后撞钟，即每日报时始于“暮鼓”止于“晨钟”，是“暮鼓晨钟”，而非“晨钟暮鼓”。

13. 钟鼓楼是如何为古都北京城报时的？

据《大清会典》卷七十九记载：钟鼓楼专司更筹，清代隶属銮仪卫管辖。“设更鼓晨钟，每夜派校尉承值。”古代把每夜划为五更（更，是计时单位，每更等于一个时辰，也就是现在的两个小时），即黄昏戌时曰定更，又曰起更；亥时曰二更；夜半子时曰三更；鸡鸣丑时曰四更；平旦寅时曰亮更，即天明之意。定更及亮更，皆先击鼓后撞钟；其二至四更，则只撞钟不击鼓。传说，鼓之击法是“紧十八，慢十八，不紧不慢又十八”，如此反复两遍，共计一〇八响。

14. 击鼓撞钟为什么定为一〇八响？

古人以一〇八代表一年。古代以五日为一候，积六候为月。

明代郎瑛《七修类稿》卷四中解释：扣一百零八声者，一岁之意也。盖年有十二月，二十四节气，七十二候。合为一〇八，象征着一年轮回，天长地久。

15. 北京钟楼的“古钟之王”有多重？

北京钟楼的铜钟制造于明永乐年间，悬挂于八角形木框架上，通高 7.02 米，钟身高 5.5 米，下口直径有 3.4 米，钟壁厚 12 至 24.5 厘米，重约 63 吨，被誉为我国的“古钟之王”。钟体全部由铜锡合金铸成，是中国现存铸造最早、最重的古钟。

钟楼永乐大钟

16. 北京钟楼是如何传声的？

钟楼楼体一层和二层有天井相通。一层的四个券洞在中央相交形成十字，而四个券洞中央又有通道直达二层，非实心设计。中空的结构形成一个内部声腔，站在一层向上看，即可看到二层的大钟。二层顶部并未做天花板，为向上连通的半圆形穹顶；而以大钟为中心，环绕大钟有一圈券洞通道作为声道，相当于又一个声腔系统。一、二层两处声腔相互作用，使钟在敲响时，其声音在腔体内共鸣，将钟声最大限度地扩散至北京全城。

17. 北京鼓楼高多少米？

鼓楼通高 46.7 米，上覆灰筒瓦绿琉璃剪边，为重檐三滴水木结构楼阁建筑。

鼓楼

18. 鼓楼 69 阶台阶有什么寓意？

中国古代的干支纪年中，“60”为一个轮回，在农历中，有六十甲子的概念。“9”代表九五之尊、至高无上。

19. 鼓楼上鼓的数量有什么寓意？

北京的鼓楼原有更鼓 25 面。其中，大鼓 1 面，小鼓 24 面。1 面大鼓代表一年，24 面小鼓代表一年的 24 个节气。

鼓楼现今的鼓

20. 北京鼓楼上现存的鼓是古代的老鼓吗？

鼓楼上的清代老鼓

只有一面是清末更鼓，鼓面已经残破。鼓楼上其余的更鼓依据嘉庆年间的史料记载仿制，主鼓面径 1.6 米，鼓高 2.4 米；群鼓面径 1.12 米，鼓高 1.6 米。

21. 鼓楼曾经叫过“明耻楼”吗？

是的。民国十三年（1924），京兆尹薛笃弼为使民众不忘 1900 年八国联军入侵北京的国耻，将鼓楼易名为“明耻楼”。民国十四年（1925）辟为“京兆通俗教育馆”，成为北京历史上第一个民众教育馆，开创了民众教育之先河。

从鼓楼望景山、地安门（1913 年）

三、万宁桥

22. 北京中轴线上唯一的元代遗存是什么?

据《北京古桥》记载：万宁桥建于元至元二十二年（1285），距今已有 700 多年历史，是中轴线上唯一的元代遗存。元大都的鼓楼东北曾有大天寿万宁寺，是城市中心，据传万宁桥之名亦同其有关。清代称此桥为“地安门桥”，俗称“后门桥”。1951 年，北京市政府曾对其进行修缮，后玉河改为暗河，桥两侧成为平地，仅剩桥栏。

万宁桥

23. 万宁桥下的镇水兽是元代遗存吗?

是的。万宁桥东北燕翅墙上有一尊被长年风雨剥蚀的镇水兽，兽身不辨花纹，兽首面目模糊，颌下镌有“至元四年九月”字样，为元代遗物。

24. 为什么说万宁桥是北京中轴线上别称最多的桥?

万宁桥因横跨漕运河道之上，曾有“漕运桥”之称；又因其为单孔石桥，也称“独孔桥”“大石桥”。因地处皇城北门外，而明代改皇城北门为北安门，清代又改称地安门，故有“北安桥”“地安桥”之称。皇城北门俗称后门，故又俗称“后门桥”。因西邻什刹海，也被称为“海子桥”。元代是帝王出皇城北门、北巡之门，也曾被称为“天桥”。清代桥的两侧广植荷花，又雅称“莲花桥”。《竹枝词》曾赞曰:“地安门外赏荷时，数里红莲映碧池。”此外，因桥的上拱外形呈弯月状，又有“月桥”之称。

25. 万宁桥的作用是什么?

万宁桥属于“桥闸”，具备双重功能:一是通行，二是可当闸门用于制水。

26. 万宁桥的栏杆为什么有三种颜色?

万宁桥两侧栏杆有三种材质和颜色，反映其经历了三个阶段:中央略微发黄的汉白玉栏杆明显已被风化，是古代原件；往外几根灰色的，是 20 世纪 50 年代改造万宁桥时替换的青砾石构件；最外侧崭新白净的是 2000 年万宁桥大修时补的。

27. 万宁桥上的镇水兽是什么兽?

相传万宁桥镇水兽是“龙生九子”之一的“趴蝮”(bāxià，又名蚣蝮)。据史料记载，趴蝮专职“镇水”。镇水兽在古代经常随水利设施而建，传说它们常年在水中戏耍，故水性极好，可镇守河道，让江河“少能行船，多不淹禾”，又能捕食河妖。人们想象其形貌雕成石像置于桥头或桥身，以镇消水患。在水边修建镇水兽，也蕴含了古人伏波安澜的美好愿望。

四、火德真君庙

28. 火德真君庙供奉的是哪位神仙？

火德真君庙内供奉的是“南方火德荧惑执法星君”，姓皓空，名维淳，字散融。

火德真君庙

29. 火德真君庙建筑为什么多为琉璃瓦？

火德真君庙内，除了火祖殿两侧各两间及斗姥阁两侧各五间的配房为灰瓦，其他诸座殿宇均由琉璃瓦覆顶。这是因为万历年间故宫及神坛火灾频繁，皇家希望赐琉璃瓦镇火的缘故。至清乾隆时，又将山门及万岁景命阁增黄瓦，所以，如今的火神庙内，黄、绿、黑三色俱全。

30. 火德真君庙火祖殿内为什么有蟠龙藻井？

火德真君庙主殿火祖殿殿顶有一漆金八角蟠龙藻井，精巧无比，在京内并不多见。藻井作为一种装饰物，不仅展示了等级的尊严，还体现了古人的一种避火观念。之所以称为藻井，一是因为轮廓多为八角，形似水井；二是因为早期的藻井在顶部多饰冗繁的纹样，酷似井中之水藻。所以，将一个“有水”“有藻”的金井装饰在天花板正中，不仅有装饰效果，还有以水镇火之期许。

火德真君庙藻井

五、地安门

31. 地安门为什么没有门？

曾经有过门。地安门建于明永乐十八年（1420），原名北安门。清顺治八年（1651）改名为地安门，与皇城南门天安门相应，取“天地平安、风调雨顺”之意。1954 年 1 月因交通问题被拆除。

重修后的地安门（20 世纪 30 年代）

32. 地安门的主要用途是什么？

因为地安门是皇城的北门，所以明代皇帝去明陵祭祖时要出地安门，明清帝王去亲祭地坛诸神时也出地安门。光绪二十六年（1900），八国联军入侵北京时，慈禧太后带着光绪皇帝就是出地安门，再走德胜门逃去西安的。1924 年，末代皇帝溥仪被赶出故宫后，也是从地安门回到他出生的摄政王府的。

33. 地安门原址西南方向的古建筑是什么？

雁翅楼。雁翅楼始建于明永乐十八年（1420），位于地安门左右两侧，为东西对称的两栋二层砖混建筑，面阔各十三间，建筑造型别致，远观好似大雁张开一对翅膀，故此得名。雁翅楼原为清政府内务府满、蒙、汉三旗公署。1955 年 2 月，地安门及雁翅楼被一并拆除。2012 年 2 月，北京启动新中国成立以来最大规模的“名城标志性历史建筑恢复工程”，其中包括复建雁翅楼。复建后的雁翅楼东、西两侧雁翅排开，有 1000 多平方米，分上下两层。2015 年 7 月底 8 月初，中国书店在雁翅楼开办了 24 小时书店。

修复好的雁翅楼

34. 溥仪的老师庄士敦住在地安门哪条胡同内？

庄士敦故居花园凉亭

庄士敦住在地安门内油漆作胡同 1 号。庄士敦是苏格兰人，毕业于爱丁堡大学和牛津大学，1898 年赴中国，是一位地道的“中国通”。

六、景山

35. 北京中轴线的制高点在哪里?

景山，位于北京老城的核心地带，是中轴线上的制高点。景山丰富了轴线的立体空间，承载并彰显着中华建城文化与对称美学。作为一座人工堆筑的土山，它源自辽金，见证了元、明、清三朝兴替。景山曾为一座规制最高、极为精美的皇家御苑，今天则是一座人民公园，每年为 600 余万名游客提供优质服务。

从景山南望紫禁城

36. 景山上最高的建筑是什么?

万春亭位于景山最高处，建于乾隆十五年（1750），亭高 15.38 米，被誉为京华览胜第一处。

景山，中间最高处为万春亭（1909 年）

37. 景山上一共有多少座亭子？

景山共有五座亭子，分别为周赏亭、观妙亭、万春亭、辑芳亭和富览亭。景山山腰处对称而置的周赏亭和富览亭、观妙亭和辑芳亭分别形制一致，互为对景，以万春亭为中心构成一幅完整和谐的画面。

38. 景山的名字一直如此吗？

明永乐十八年（1420），依据“苍龙、白虎、朱雀、玄武，天之四灵，以正四方”之说，认为紫禁城之北乃玄武之位，应该有山。所以将拆除旧皇城的渣土和新挖紫禁城筒子河的泥土，堆积在元代建筑迎春阁的旧址上，形成一座土山，当时取名为“万岁山”。

清顺治十二年（1655），万岁山改名为景山，名称来自《诗经》里《商颂·殷武》中的诗句：“陟彼景山，松柏丸丸。是断是迁，方斫是虔。”

从景山北望

39. 元代皇帝躬耕之处在哪里?

在元代，景山北部的区域原有八顷农田，是元代皇帝举行亲耕礼的地方。到了明清时期，皇帝的亲耕礼改在先农坛举行。

40. 景山最北边，北京中轴线两侧各有一座阁楼，分别叫什么?

西侧的叫作兴庆阁，东侧的叫作集祥阁。两座楼阁建筑形制完全一致，上层为单檐四角攒尖顶，黄色琉璃瓦绿剪边覆顶。这一层为纯木质结构，楼阁的四周骑在下一层墙壁的墙头，并环绕墙壁做了一圈围廊。因此一层的墙壁厚度达 3.3 米。两座阁楼均是元代的皇家粮仓，用于贮存皇帝亲耕收获的粮食。

集祥阁

41. 景山寿皇殿有什么用途?

明代的寿皇殿是皇帝游玩和练习射箭的场所；到了清代，顺治帝曾停灵于此。雍正年间，雍正帝将康熙帝的画像供奉于寿皇殿，从此寿皇殿正式成为皇室祭祀祖先的“神御殿”。到了乾隆年间，皇帝将之前供奉在其他地方的清帝画像都移到寿皇殿，并规定以后故去的皇帝、后妃御容像及印玺，都要供奉于寿皇殿中。寿皇殿内部安置了大龙柜，柜内收藏着清代皇帝、后妃的各类画像。每年正月初一、清明、中元、霜降、冬至、万寿、除夕七个节日，皇家都要在寿皇殿举行盛大的祭祖仪式。

寿皇殿

42. 为什么说寿皇殿是中轴线上除故宫之外的第二大建筑群?

寿皇殿总占地面积约 21256 平方米，总建（构）筑面积 3797.68 平方米，由内外两层院落组成。整体建筑是仿照太庙规制而建，包括寿皇殿正殿、东西朵殿、东西配殿、东西碑亭、东西井亭、东西值房、神厨、神库、寿皇门、砖城门、宝坊。这是中国古代最高等级的建筑形式，是中轴线上除故宫之外的第二大建筑群，也是第五批全国重点文物保护单位。

43. 寿皇殿月台两侧为什么有两座黄琉璃瓦重檐八角攒尖顶亭?

寿皇殿月台两侧黄琉璃瓦重檐八角攒尖顶亭为御碑亭，碑亭内石碑分别以满文、汉文题写，石碑南面是乾隆帝御笔《重建寿皇殿碑记》，北面是《乾隆十五年五月初十日内阁奉上谕》。两座石碑分别以满文和汉文书写，详细记述了重建寿皇殿的理由、经过和意义。

寿皇殿御碑亭

寿皇殿御碑

44. 寿皇殿两侧的衍庆殿和绵禧殿有什么作用?

衍庆殿位于正殿东侧，绵禧殿位于正殿西侧，规格相同，都始建于清乾隆十五年（1750）。面阔三间，进深三间，有前廊，台基前和左右有石护栏。黄琉璃瓦歇山顶，重檐五踩斗拱，和玺彩画。绵禧殿和衍庆殿都曾储藏爱新觉罗族谱玉牒。

衍庆殿

45. 寿皇门前三座牌楼是什么时候建造的?

建于清乾隆十四年（1749），坊额均为乾隆帝所题。

南牌坊北侧额曰“昭格惟馨”，南侧额曰“显承无斁”；

西牌坊东侧额曰“旧典时式”，西侧额曰“世德作求”；

东牌坊西侧额曰“绍闻祗遹”，东侧额曰“继序其皇”。

寿皇殿南牌坊

寿皇门西牌坊

寿皇殿东牌坊

46. 景山内明清皇帝看皇子射箭的地方在哪里?

观德殿。观德殿建筑群是在金、元时期建筑的基础上于明万历二十八年（1600）修建的，建筑面积为 6160 平方米。明代这里是皇帝观赏皇子们射箭的场地。到了清代，观德殿前仍作为皇帝观看皇子射箭表演的地方，康熙帝、雍正帝都曾在观德殿前为皇子们亲射示范。

从景山上拍观德殿（20 世纪 20 年代）

47. 景山上吊死崇祯皇帝的槐树还在吗？

“明思宗殉国处”

不存在了。原树早已枯死伐除。1996 年，管理处在北京东城区建国门北顺城街一户院中，找到了一棵胸径 50 厘米的歪脖老槐树。后将此树移到景山代替原有槐树，即现存槐树。

48. 中轴线上供奉孔子牌位的建筑是哪座？

绮望楼。此楼建于清乾隆十五年（1750），坐北朝南，黄琉璃筒瓦歇山顶。是景山官学堂学生祭拜先师孔子的地方。

经过修复后的绮望楼及万春亭（20 世纪 20 年代）

49. 在景山与故宫之间曾经有过门吗?

有过北上门。1956 年，为进一步拓宽“景山前街”，北上门及两侧廊房同时被拆除。

北上门（1928 年）

50. 北京中轴线旁曾有过一座鸳鸯桥吗？

鸳鸯桥位于早先的北上西门门前，中间石头桥面专供车用，两侧砖面则专走行人。民国八年（1919），这座拱桥改为平桥。民国二十一年（1932），工务局因“鸳鸯桥多已损坏，危险堪虞”，将桥身改修为钢筋混凝土，并将原有砖砌栏墙改安葫芦式石栏。鸳鸯桥的风貌全然改变。1953 年桥被拆除，桥的遗迹也湮没在景山前街丁字路口便道之下。

北上西门鸳鸯桥

51. 景山西面有一座大型皇家道观叫什么？

大高玄殿。此观位于神武门西北，明代嘉靖年间（1522—1566）修建，清雍正八年（1730）、乾隆十一年（1746）重修。前后共三进院，正殿为“大高玄殿”，后殿为“九天万法雷坛”，再后为二层楼阁，形式上圆下方，上层额曰“乾元阁”，下层额曰“坤贞宇”。大高玄殿为宫廷所属道教庙宇，明代为道教祭祀场所，清代为祈雨、祈雪之坛。

大高玄殿

52. 大高玄殿主要举行哪些道教传统节日?

这里是皇家举行道教传统节日——“三元五腊”的重要场所。

“三元节”，即正月十五上元天官节，七月十五中元地官节，十月十五下元水官节。

“五腊节”，即正月初一天腊，五月初五地腊，七月初七道德腊，十月初一民岁腊，十二月初八王侯腊。

53. 大高玄殿南现存一座木牌楼，有什么作用?

此牌楼为大高玄殿南牌楼，大高玄殿原有三座牌楼，东西两座牌楼为明代所建，东坊额正面（东面）为“孔绥皇祚”，背面（西面）为“先天明境”；西坊额正面（西面）为“弘佑天民”，背面（东面）为“太极仙林”；南牌楼是清代乾隆八年（1743）添建的，南坊额正面（南面）为“乾元资始”，背面（北面）为“大德曰生”（乾隆御笔）。

1955 年 1 月 8 日，大高玄殿的东、西牌楼拆卸工程开工，1 月 14 日完工。1956 年 5 月 28 日至 6 月 10 日，在景山前街拓宽工程中，大高玄殿前的南牌楼、两座木阁及三者所在院落的围墙被拆除。1960 年，以东、西牌楼构件拼装组成的“弘佑天民”牌楼在北京西郊大有庄中央党校的庭院内重新竖立，保存至今。南牌楼的“乾元资始”石匾则流落到月坛公园，成为树林中摆放的石桌桌面。2004 年，南牌楼在大高玄殿门前的筒子河北岸重建，并将“乾元资始”石匾从月坛公园运回，安装在该牌楼上，归其原位。

大高玄殿牌楼

今大高玄殿“乾元资始”匾额

54. 老照片中大高玄殿西牌楼坊额“弘佑天民”的“弘”字为什么少了一笔?

据传大高玄殿东西牌楼均为严嵩所题，起初应该是完整的。但到了乾隆帝继位，为了避讳乾隆帝的名字“弘历”，将此牌楼“弘”字缺笔。民国修缮时才将缺笔补上。

大高玄殿牌楼匾额

55. 大高玄殿的乾元阁是一座什么建筑?

这是一座二层阁楼，上圆下方，上额曰“乾元阁”，供玉皇大帝；下额曰“坤贞宇”，供坤贞后土妃娘娘之神位。整座阁楼体现出“天圆地方”的思想。

乾元阁上额与下额

乾元阁

56. 大高玄殿为什么会有一座阴阳藻井？

大高玄殿内有一座建筑名曰“九天应元雷坛”，位于大高玄殿之后，面阔五间，进深一间，单檐庑殿顶，绿琉璃瓦黄剪边屋面，外檐重檐五踩斗栱。殿前设月台，周以石栏，南面出台阶六级，中有御路石雕，上面雕刻仙鹤祥云图案。室内有一个阴阳藻井。一般宫殿的内部藻井要么全镀金，要么不镀金，改用其他材料。可九天应元雷坛内的藻井却是一半镀金，一半不镀，名为“阴阳藻井”。这和道家的阴阳理念是一致的。阴阳学说来自《易经》:“太极生两仪，两仪生四象，四象生八卦。”道家认为万事万物都有相反相成的矛盾两方面，分别可以归纳为阴和阳。在皇家道观大高玄殿内有阴阳藻井也就很合理了。

九天应元雷坛内阴阳藻井

七、故宫

57. 故宫为什么叫紫禁城?

该名称源于天上紫微垣。中国古人一向认为统治他们的皇帝是天帝派来的神，有着崇高的地位和威严。上古时期的中国人通过观察星象，发现满天星斗都在围绕着北极星运转，因此他们相信那是天帝居住的地方，并按照中国传统的文化赋予它一个吉祥的名称——紫微星。

58. 故宫两边的寺庙分别是哪八座?

故宫两边八座寺庙分别是宣仁庙、凝和庙、普度寺、真武庙、昭显庙、万寿兴隆寺、静默寺和福佑寺。其中宣仁庙、昭显庙、凝和庙、福佑寺四座寺庙分别祭祀云、雨、风、雷四神。

凝和庙

万寿兴隆寺

福佑寺

59. 故宫周边有一座皇家档案馆在哪里?

皇史宬（chéng）。此建筑始建于明嘉靖十三年（1534），是明清两代的国家档案存放处，现为中国第一历史档案馆明清档案陈列室。皇史宬分南北两院，由正殿、东配殿、西配殿、御碑亭、宬门等建筑组成，总占地面积 8460 平方米，总建筑面积 3400 平方米，是中国现存最完整、历史最悠久的皇家档案库建筑群。

皇史宬

60. 皇史宬的“金匮石室”是什么？

“金匮石室”是我国古人珍藏档案的重要方式，指把重要档案放入金匮中，再把金匮放置在石室内。其中，“金匮”是指金

皇史宬内的“金匮”

质的盒子，“石室”是指砖石砌筑的房屋。东汉史学家班固所撰《汉书》载有“又与功臣剖符作誓，丹书铁契，金匮石室，藏之宗庙”，说明我国至少在汉代就有金匮石室了。

61. 皇史宬的“金匮”是什么材质的？

皇史宬内贮藏档案的铜皮鎏金雕龙樟木匮，称为“金匮”。每个金匮长 1.35 米，宽 0.75 米，高 1.3 米。到清宣统年间，皇史宬内金匮为 152 个，皇史宬正殿现有金匮 32 个，另有 120 个金匮迁入中国第一历史档案馆新馆保存。

62. 紫禁城内真的有“9999.5”间房吗？

当然不是。在古建筑领域中，4 根立柱围成的空间被称为“一间房”。紫禁城自明代初建以来，其古建筑历经明代扩充、明末战火破坏、清代复建、新中国成立后修整等诸阶段。因此，在不同历史时期，紫禁城古建筑的数量并非一成不变。比如，在明代永乐时期，紫禁城房屋总数约 8300 间。到了明末，紫禁城房屋总数大约是 20000 间。清代紫禁城的房屋总数约为 10000 间。进入 20 世纪，故宫博物院成立后，1972 年统计，故宫的房屋数量为 8707 间，2012 年统计房屋数量为 9371 间。

63. 紫禁城在中轴线上有哪些建筑？

乾清宫

紫禁城从南到北的中轴线建筑依次为午门、太和门、前朝三大殿（太和殿、中和殿、保和殿）、乾清门、内廷后三宫（乾清宫、交泰殿、坤宁宫）、坤宁门、御花园（含钦安殿）、神武门。

紫禁城航拍图（20世纪20年代）

64. 紫禁城殿群为什么多是黄色屋顶?

琉璃瓦之称始于汉代，因有“流光陆离”之称而得名。用琉璃瓦作屋顶在我国始于北魏。宋朝以后，琉璃瓦成为尊贵建筑的必用材料。明成祖朱棣建造紫禁城时，正式规定宫内建筑多用黄色琉璃瓦，并规定明黄瓦及彩画贴金为皇帝专用。因此可以说，黄色变得无上尊贵，是从明代才开始“飞黄腾达”起来的。

65. 故宫博物院是哪年成立的?

故宫博物院于1925年成立。1925年10月10日，经过一年的准备，在乾清门前广场举行了盛大的建院典礼，故宫首次对外开放。

66. 清代哪位皇帝曾经在神武门险些被刺杀？

嘉庆帝。此事发生在嘉庆八年（1803）闰二月二十日，嘉庆帝从圆明园回宫，御辇进至神武门，忽见一人手持利刃，从远处直朝御辇扑来。这摆明是要刺杀皇帝。当时的定亲王绵恩挺身而出阻拦刺客，后在侍卫的帮助下抓住了刺客，嘉庆帝也逃过一劫。

神武门

67. 御花园北门为什么称“顺贞门”？

《易经》解释坤卦有“坤道其顺乎，承天而时行”之句。其中的“顺”字，表示坤道应顺承天道而行。再加上“用六永贞”的“贞”字即结成“顺贞”二字。这就是御花园北门即顺贞门命名的由来。在男尊女卑旧时代，此门作为专供后妃等女性出入及“选秀女”时进出的门，“顺贞”二字专门针对女性要“恪守妇道”的说教，其封建思想是不言而喻的。

顺贞门

68. 中轴线上唯一一座宗教建筑是哪座?

钦安殿。钦安殿始建于明代永乐年间，由明成祖朱棣兴建，供奉道教神明玄天上帝真武祖师，至嘉靖年间添建墙垣后自成格局。明清两代，每逢元旦和道教祭日时都会于天一门前设坛。众多道官道众按例设醮称表，架供案，奉安神牌。皇帝常前来拈香行礼。又在钦安殿内设置道场，由太监道士和宫外的道士主持道场，举办演教活动，以祈祷神明保佑皇宫，消灭火灾。钦安殿是北京中轴线上唯一一座供奉神像的宫殿。

钦安殿

69. 故宫御花园有哪些布局和景观？

故宫御花园园墙内东西宽 135 米，南北深 89 米，占地 12015 平方米。园内建筑采取中轴对称布局。中路是一个以重檐盝顶、上安镏金宝瓶的钦安殿为主体建筑的院落。东西两路建筑基本对称，东路建筑有堆秀山御景亭、摛藻堂、浮碧亭、万春亭、绛雪轩；西路建筑有延辉阁、位育斋、澄瑞亭、千秋亭、养性斋，还有四神祠、井亭、鹿台等。这些建筑绝大多数为游憩观赏或敬

御花园

绛雪轩

神拜佛之用。建筑多倚围墙，只以少数精美造型的亭台立于园中，空间舒广。园内遍植古柏老槐，罗列奇石玉座、金麟铜像、盆花桩景，增添了园内景象的变化，丰富了园景的层次。御花园地面用各色卵石镶拼成福、禄、寿象征性图案，丰富多彩。著名的堆秀山是宫中重阳节登高的地方，叠石独特，磴道盘曲，下有石雕蟠龙喷水，上筑御景亭，可眺望四周景色。

70. 乾隆时期编纂的一套百科全书孤帙贮存在御花园哪座书房里？

摛藻堂，位于御花园东北角。曾经贮存过一部《钦定四库全书荟要》，原本有两套，另一套贮存于圆明园含经堂内的“味腴书屋”，以备乾隆帝随时阅览。1860 年，英法联军攻占北京，焚掠圆明园，藏于“味腴书屋”中的那套《四库全书荟要》被化为灰烬。而存于“摛藻堂”里的那套《四库全书荟要》，则一跃成为天壤间仅存的孤帙。《四库全书荟要》共收书四百六十三种，万余册，分装两千函，总量为《四库全书》的 1/3。在摛藻堂西耳房，还有一个乾隆专属小书房。

摛藻堂内书架

摛藻堂

71. 御花园内收藏的化石是哪块？

木变石

在御花园东南方向绛雪轩前的庭院内，有一块木变石。该石高约 1.3 米，宽约 0.18 米，坐落在高约 1.1 米的圆盆形石座上。其外观类似于被切开的树干，正面平整，背面呈弧形。石材表面纹理清晰，与周边细小的斑片巧妙地融合。石材正面的中下侧，雕刻了乾隆帝的御制诗《咏木变石》，使天然形成的木变石充满了人文意境。

木变石的形成，主要源于树木与泥沙之间的交代作用。“交代”为化学变化及置换作用，即原有矿物分解、新矿物同时生成的过程。树木因地质或气候的变化而被推倒，并进入河湖的泥沙中。在成千上万年的地质时光中，密封在泥沙中的树木以水为媒介，与周边的矿物质产生交代作用，使二氧化硅等物质取代了树木的组织结构。这样一来，树木就逐渐变成了木变石。需要说明的是，矿物质的部分元素可使木变石呈现不同的颜色。御花园中的木变石表面有较大面积的黑褐色，说明其中含铁、锰等元素较多。

72. 清逊帝溥仪在御花园什么地方学习外语？

养性斋。养性斋位于御花园西南，始建于明代，原称乐志斋，清代改今名。斋为两层楼阁式，原为七间。清乾隆十九年（1754）于楼两端各接出三间，成为凹字形转角楼，黄琉璃瓦转角庑殿顶，上层三面出廊，下层东面明间开门，前出月台。斋前叠石环抱。清嘉庆、道光两帝时常来此斋游赏。清逊帝溥仪的英文教师庄士敦曾在此居住，溥仪也在此学习过外语。

溥仪和庄士郭在养性斋二楼

73. 明代皇后居住在中轴线上哪座殿宇内？

明代皇后住在坤宁宫。坤宁宫的名称，与乾清宫相呼应。关于其名称背后的内涵，要从乾清宫说起。“乾清”与“坤宁”二词，出自《道德经》和《周易》。《道德经》中有“昔之得一者，天得一以清，地得一以宁”的说法。这里所谓的“一”，指的就是元气，即万物形成的初始，阴阳二气形成，阳气轻且清，上升成为天，阴气重而浊，下降形成地。所以，才会有“天清”“地凝(宁)”。“清”是明亮的意思，“宁”通凝，有积蓄、博厚之意。《周易》称，“乾为天，为圜，为君……坤为地，为母”。总而言之，乾为天、为阳，坤为地、为阴。乾清，即天高明；坤宁，即地博厚。所以，乾清、坤宁二宫，蕴含着天地相交，阴阳之合的寓意。皇帝居住的宫殿为乾清宫，皇后居住的宫殿为坤宁宫。

74. 北京中轴线上唯一的满族建筑在哪里？

坤宁宫。顺治十二年（1655）清军入关后，仿沈阳故宫清宁宫将坤宁宫西部的七间改为萨满祭祀场所。

75. 坤宁宫在清代的作用是什么？

在坤宁宫举行的祭祀项目主要有：

元旦行礼；

日祭（包括朝祭、夕祭）、月祭，月祭次日祭天；

报祭、大祭，大祭次日祭天；

求福、四季献神、背灯祭献鲜。

坤宁宫

76. 北京中轴线上唯一的满族建筑有什么特点？

顺治十二年（1655），仿照沈阳盛京清宁宫，将坤宁宫改为满族特有的“口袋房”形式。坤宁宫棂花槅扇窗，被改为直棂吊搭式窗，窗户纸糊在窗外。坤宁宫西侧四间，南、北、西三面围炕，形成了满族关外常见的建筑形式“万字炕”。

77. 皇帝结婚的洞房在哪里？

坤宁宫东暖阁。明制以坤宁宫为皇后寝宫。宫门向北开，宫内东西皆有暖阁。清代将西暖阁拆去，照关外制度改为祀神（内墙上所供之板子）的大炕，只存东暖阁未动，用为大婚时候的洞房。帝后在大婚期内，住东暖阁以一月为限，名曰“对月”。只有同治帝大婚时只住在东暖阁两天，就移居养心殿的体顺堂；光绪帝则住六日，始居体顺堂；其住东暖阁满一月者，只康熙一帝而已。

78. 坤宁宫前的汉白玉石墩有什么作用？

此墩用于固定索伦杆。汉语意为“神杆”，为满族祭天所用。石墩上原有木杆，杆上端有一个碗状的锡斗。祭天时，锡斗里放上碎米和切碎的猪内脏等供物，供乌鸦、喜鹊享用。

索伦杆

79. 北京中轴线上唯一一座女性的殿宇是哪座？

交泰殿，为皇后千秋节受庆贺礼的地方。交泰殿位于乾清宫和坤宁宫之间，约建于明嘉靖年间，顺治十二年（1655）、康熙八年（1669）重修。嘉庆二年（1797）乾清宫失火，殃及此殿，是年重建。交泰殿平面为方形，深、广各三间，单檐四角攒尖顶，铜镀金宝顶，黄琉璃瓦，双檐五踩斗栱，梁枋饰龙凤和玺彩画。四面明间开门，三交六椀菱花、龙凤裙板隔扇门各四扇。南面次间为槛窗，其余三面次间均为墙。殿内顶部为盘龙衔珠藻井，地面铺墁金砖。明间设宝座，上悬康熙帝御书“无为”匾，宝座后有板屏一面，上书乾隆帝御制《交泰殿铭》。东次间设铜壶滴漏，乾隆帝之后不再使用。西次间设大自鸣钟，宫内时间以此为准。

清代每年正月，由钦天监选择吉日吉时，设案开封陈宝，皇帝来此拈香行礼。清世祖所立“内宫不许干预政事”的铁牌曾立于此殿。皇帝大婚时，皇后的册、宝安设殿内左右案上。每年春季祀先蚕，皇后先一日在此查阅采桑的用具。

交泰殿

80. 交泰殿内贮藏的清二十五方宝玺的名字及作用是什么?

这二十五方宝玺分别为:

(1)大清受命之宝，以章皇序之用;

(2)皇帝奉天之宝，以章奉若之用;

(3)大清嗣天子宝，以章继绳之用;

(4)皇帝之宝，以布诏赦之用;

(5)皇帝之宝，以肃法驾之用;

(6)天子之宝，祭祀百神之用;

(7)皇帝尊亲之宝，以章奉若之用;

(8)皇帝亲亲之宝，以展宗盟之用;

(9)皇帝行宝，以颁锡赉之用;

(10)皇帝信宝，以征戎伍之用;

(11)天子行宝，以册外蛮之用;

(12)天子信宝，以命殊方之用;

(13)敬天勤民之宝，以饬觐吏之用;

(14)制诰之宝，以谕臣僚之用;

(15)敕命之宝，于诰敕谕旨上钤用;

(16)垂训之宝，以扬国宪之用;

(17)命德之宝，奖励忠良之用;

(18)钦文之宝，专钤于有关文教之谕旨;

(19)表章经史之宝，以崇古训之用;

(20)巡狩天下之宝，以从省方之用;

(21)讨罪安民之宝，以张戎伐之用;

(22)制驭六师之宝，以整戎行之用;

(23)敕正万邦之宝，以诰外国之用;

(24)敕正万民之宝，以诰四方之用;

(25)广运之宝，以谨封识之用。

81. 交泰殿内的“无为”匾是谁写的？

交泰殿宝座后面挂着“无为”二字的匾，匾上右侧有“圣祖御书”四个字。“圣祖”是康熙帝庙号。御书，就是皇上写的字。左侧有落款，写着“乾隆六十二年丁巳御笔恭摹”，说明这是乾隆帝在乾隆六十二年（1797）模仿他爷爷康熙帝的笔迹写的。

交泰殿内的“无为”匾

82. 乾清宫在故宫的作用是什么？

乾清宫，内廷后三宫之一。始建于明永乐十八年（1420），明清两代曾因数次被焚毁而重建，现有建筑为清嘉庆三年（1798）所建。乾清宫为黄琉璃瓦重檐庑殿顶，坐落在单层汉白玉石台基之上。连廊面阔九间，进深五间，建筑面积1400平方米，自台面至正脊高20余米。檐角置脊兽9个，檐下上层单翘双檐七踩斗栱，下层单翘单檐五踩斗栱，饰金龙和玺彩画，三交六椀菱花隔扇门窗。殿内明间、东西次间相通，明间前檐减去金柱，梁架结构为减柱造形式，以扩大室内空间。后檐两金柱间设屏，屏前设宝座，宝座上方悬“正大光明”匾。东西两梢间为暖阁，后檐设仙楼，两尽间为穿堂，可分别通交泰殿、坤宁宫。殿内铺墁金砖。殿前宽敞的月台上，左右分别有铜龟、铜鹤，日晷、嘉量，前设鎏金香炉 4 座，正中出丹陛，接高台甬路与乾清门相连。

乾清宫建筑规模为内廷之首，作为明代皇帝的寝宫，自永乐皇帝朱棣至崇祯皇帝朱由检，共 14 位皇帝曾在此居住。由于宫殿高大，空间过敞，皇帝在此居住时曾分隔成数室。据记载，明代乾清宫有暖阁九间，分上下两层，共置床 27 张，后妃们得以进御。由于室多床多，皇帝每晚就寝之处很少有人知道，以防不测。皇帝虽然居住在迷楼式的宫殿内，且防范森严，但仍不能高枕无忧。据记载，嘉靖年间发生“壬寅宫变”后，世宗移居西苑，不敢回乾清宫居住。万历帝的郑贵妃为争皇太后之位的“红丸案”、泰昌妃李选侍争做皇后而移居仁寿殿的“移宫案”，都发生在乾清宫。明代乾清宫也曾为皇帝守丧之处。

清代康熙以前，这里沿袭明制，自雍正帝移住养心殿以后，这里即作为皇帝召见廷臣、批阅奏章、处理日常政务、接见外藩属国陪臣和岁时受贺、举行宴筵的重要场所。一些日常办事机构，如皇子读书的上书房，也都迁入乾清宫周围的庑房，其使用功能大大加强。

83. 清代有过两次千叟宴，是在北京中轴线上的哪座建筑里举行的？

乾清宫。康熙六十一年（1722）正月，康熙帝召 65 岁以上满蒙汉大臣及百姓等 1020 人，赐宴于乾清宫前。宴间，康熙帝与满汉大臣作诗纪盛，名《千叟宴诗》，“千叟宴”始成名。乾隆五十年（1785）正月初六，为了纪念继位五十周年，乾隆帝于乾清宫再次举行千叟宴，规模更为宏大，与宴者竟达 3000 人。

据《国朝宫史续编》记载，宴会共设 800 席，分为三大区域。一是在乾清宫的殿廊下，设宴席 50 张，坐的是王、贝勒、贝子、公、一二品大臣。二是在乾清宫外的丹墀甬道左右，丹墀内设 244 席，甬道左右设 124 席，坐的是三品以下五品以上官员，共计 893 人。三是在丹墀外左右，设 382 席，坐的是六品以下官兵民众，共 2003 人。宴会使用长方形几案，南北方向摆放、东西相对。康熙朝千叟宴嘉宾以齿序排列，乾隆朝则以官阶排序，乾隆的叔叔允祁居首，其次是亲王、大学士、尚书等，从一品到九品，直到没有职衔的老民；同品级的再按照齿序排列。千叟宴的举行，反映了清代所提倡的“养老尊贤”“八孝出悌”和优老政策，《论语·学而》曰：“孝弟也者，其为仁之本与”，康熙在千叟宴上就说：“帝王之治天下，发政施仁，未尝不以养老尊贤为首务。”千叟宴是清统治者在政治上笼络民心，以维护朝廷统治之举。

84. 乾清宫殿内挂的“正大光明”匾额有什么历史作用？

“正大光明”典出《周易·大壮》《周易·履》《诗经·周颂·闵予小子之什·敬之》等籍，皆谓帝王走上承前启后的光明正道。此匾由顺治帝题写，悬挂于乾清宫宝座上方。雍正帝视其为宫中最高且最难接触之地，自他以后，便采取秘密建储的方法确定未来皇位继承人。即皇帝亲书有继位皇子名字的密诏两份，一份带在身边，一份封存在乾清宫明间宝座上方悬挂的正大光明匾后建储匣内。皇帝死后，顾命大臣共同打开两份密诏，会同廷臣验看，由密诏内所立的皇储继承皇位。这种皇位继承法在中国历史上是一种创举，乾隆、嘉庆、道光、咸丰四位皇帝都是以这种方法顺利登基的。

85. 为什么说乾清宫殿内曾经挂过电灯？

光绪三十三年（1907），紫禁城中开始安装电灯。十一月二十六日，内务府奉宸苑购买了大悲院朝房二十五间，用于安设发电机，并成立宁寿宫电灯公所，隶属于西苑电灯公所管理。大悲院朝房位于北池子大街的西北角，距离东华门约500米。

乾清宫内的吊灯

光绪三十四年，慈禧太后和光绪帝双双崩逝，但宫廷电灯线路的扩建并没有因此止步。宣统元年（1909），隆裕太后颁懿旨，要求在建福宫、长春宫、御花园各宫内外安设电灯，且须从建福宫正殿开始。其中，建福宫、长春宫在内廷西部区域，御花园在内廷中轴线区域。宣统三年（1911）年底，紫禁城内廷区域建筑内的电灯基本安装完毕，供电方式也进行了修改，改为由京师华商电灯股份有限公司供电。

根据20世纪初乾清宫殿内老照片显示，乾清宫宝座的上方、正大光明匾额的前方，悬挂着一盏吊灯，由灯架、灯罩、电线和灯泡组成。灯架含小孔径支架管7根，镂空圆弧形装饰板6个，以及底部中心的灯罩1个。各支架管内均含电线。灯罩内含有灯泡，而各支架管的端部，均向下挑出一个灯泡，犹如皇帝冠冕边上的一排排垂珠。此吊灯的造型，颇具东西方文化融合的特点。

86. 故宫最小的宫殿在哪里?

江山社稷金殿

在乾清宫前东西两侧，各有一座铜制的亭式建筑，均矗立在二层石台之上。两座建筑的造型和尺寸完全相同，东侧的宫殿称为江山殿，西侧的宫殿称为社稷殿，合称为“江山社稷金殿”。此二殿是故宫中体量最小的宫殿。

据《大清世祖章皇帝实录》记载，顺治十三年(1656)五月，顺治帝下令安设江山、社稷神位于乾清宫前，并派遣官员祭祀。两座金殿作为镇物，体现了古代帝王希望利用它们来巩固其政权统治的思想。

87. 清代的“进时宪书”典礼仪式是怎么进行的?

清宫廷礼仪中有“进时宪书”典礼仪式。每年十月初一，钦天监进时宪书（清代的历书）。届时宫殿监率各处首领太监服蟒袍补褂，会集于乾清门等候。礼部、钦天监官恭请时宪书至。交宫殿监侍一人捧时宪书，宫殿监副侍二人前引，从乾清门中门进至御前。皇帝御览毕，交懋勤殿首领太监收贮。是日，按同样的礼仪，皇太后、皇后、皇贵妃、贵妃、妃等位，亦由总管太监或首领太监捧回时宪书安放本宫。其中皇后的时宪书要安放交泰殿。

88. 军机处在故宫哪里?

军机处位于乾清门西。雍正七年（1729），清廷对西北准噶尔用兵，为方便皇帝随时召见大臣研究军政大事并能保守军事机密，在乾清门西设置“军机房”，作为临时军事指挥机构。雍正十年，军机房正式改称“办理军机处”，简称“军机处”。

清廷平定了准噶尔叛乱后，本应裁撤军机处，但结果不但未将其撤销，反而进一步扩大了军机处的权力，使其成为处理全国军政大事的常设核心机构，以及凌驾于内阁之上的国家真正的政务中心。

军机处的具体职掌主要是：撰拟谕旨和处理奏折；议大政，议后提出处理意见，奏报皇帝裁夺；谳大狱，参与重大案件审拟；参与对重要官员的任免和考核；随侍皇帝出巡，奉旨出京查办事件等。权力所及，均系朝廷军政大事。

军机处任职者无定员，最多时六七人，由亲王、大学士、尚书、侍郎或京堂充任。设首席军机大臣，或称领班军机大臣，统称大军机，一般由满族亲王或大学士担任。其余任职者按资历地位、官品高低及在军机处任职先后，分别为军机大臣、军机处行走、军机处学习行走、军机大臣上学习行走等。其僚属称军机章京，协助军机大臣处理文书档案，票拟一般章奏，统称小军机。军机大臣须每天值班，等候皇帝随时召见。当天必须处理完毕每天由下面送达的奏章，以保证军机处处理政务的极高效率。

宣统三年（1911），责任内阁成立后，军机处撤销。

军机处

89. 故宫最大的一块石雕在哪里？

保和殿后石雕

位于保和殿后的石雕丹陛石，是明代永乐年间建紫禁城时的原物，由完整的石块雕刻而成。只是在乾隆年间凿去大约 0.4米厚的旧有花纹，重新雕刻流云立龙图案。

这块石料来自北京西南郊的大石窝和门头沟的青白口，这里至今还在生产汉白玉石头。这块石料的开采动用了一万多名民工和六千多名士兵。最终是两万多民工、一千多头骡子用了 28 天的时间才运到京城。

90. 清代科考的“殿试”所在地是哪里？

清代殿试地点原在天安门外，后在太和殿，乾隆五十四年（1789）始定于保和殿。因殿试由皇帝亲自主持，故不设考官，只设读卷官。由皇帝亲简大学士 2 人、部院大臣 6 人充任。殿试只考制策一场，当日交卷。试题大多在殿试前一日由读卷官密拟，以俟钦定。有时，也由皇帝亲自拟定试题。殿试时，派王、大臣监试，另有御史 4 人参与监试。以礼部尚书为提调，由内阁、翰林院、詹事府、光禄寺、鸿胪寺等处派出 20 余人，执行受卷、弥封、收掌、印卷、填榜等具体事务。

清初，考试后读卷官等在内阁满本堂阅卷。阅卷天数不作硬性规定，三五日后始将试卷封呈。门不封锁，人员可以自由出入。

乾隆二十五年（1760）后，规定读卷官等同处文华殿两廊及传心殿前后房，必须按规定时日完成阅卷。每个读卷官必须将所有试卷轮阅一遍，按五等标识评卷。由首席读卷官为总核，进行综合评议。评议时读卷官都可发表意见，始定名次。殿试后三日晨，皇帝至养心殿西暖阁，阅读卷官所呈前十名试卷。钦定名次后，召读卷官入殿，拆开弥封，以朱笔填写一甲三名次序，再书二甲七名，交下缮写绿头签，引见前十名。十名以后之卷，由读卷官到内阁拆开弥封，依阅卷时所排名次于卷面书第二甲、第三甲及第几名字样。最后，依次填榜，称金榜。

太和殿清代皇帝宝座，此时的太和殿内宝座、匾额、对联均为清代原物（日本人小川一真，1900 年拍摄）

91．清代的“传胪典礼”在哪里举行？

在太和殿举行传胪典礼。首先宣读皇帝制书：第一甲赐进士及第，第二甲赐进士出身，第三甲赐同进士出身。典礼完毕后，一甲三名由只有皇帝才能走的太和门、午门等正中的御路出宫，以示皇帝特优之礼。传胪之后，颁布上谕，第一甲第一名授职翰林院修撰（从六品），第二、三名授职翰林院编修（正七品）。俗称第一甲第一、二、三名分别为状元、榜眼、探花。原来二甲、三甲第一名皆可称传胪，后来只有第二甲第一名称传胪。

太和门

92. 保和殿的寓意是什么？

典出《周易·乾》，曰："保合大和，乃利贞。"大意为保持天、地、人的高度和谐，就利于国家走上正确、祥和的道路。

93. 中和殿的寓意是什么？

典出《中庸》："喜怒哀乐之未发，谓之中；发而皆中节，谓之和。中也者，天下之大本也；和也者，天下之达道也。致中和，天地位焉，万物育焉。"大意为怀天性常情而不偏激倾倚即所谓中，性情表露恰当而不乖戾背德即所谓和。中是天下的本来之理，和是天下的共通之道。如果能达到中和的境界，那么天地各得其正位，万物皆得以养育。

94. 元旦大朝指什么？

是指元旦这天的庆典，最重要的是百官拜见皇帝。它是朝会制度中级别最高的一种。清代元旦庆贺礼，最早是天命元年（1616），太祖努尔哈赤举行的。顺治年间，进一步将元旦、冬至、万寿节定为国家的三大节。由于皇帝是元旦大朝的主角，整个仪典实际上从皇帝起床便开始了。

元旦这天，皇帝于子正（午夜零点）即起床，先吃苹果，意为“岁岁平安”，然后来到养心殿东暖阁，行开笔仪，给祖宗牌位行礼，再到慈宁宫向皇太后请安行礼。这些先期礼仪完成后，皇帝回到寝宫，等待百官朝贺。此时，代表皇帝的法驾卤簿与中和韶乐，已陈设于太和殿前和太和门前，礼部官员在太和殿前广场也安设好了官员站位的品级山（清代大朝会时官员排班行礼的位标）。

天将明时，王公百官在午门外集合，由礼部官员引至太和殿前立位等候。钦天监报时后，礼部官员至乾清门，请皇帝赴太和殿。此时午门鸣钟鼓，皇帝身穿朝服乘肩舆出宫，先至中和殿升座，接受御前官员的跪拜，然后在中和韶乐声中到太和殿升座。此时乐止，太和殿外三台下响起三声鞭响，随着鸿胪寺官员“排班”命令，王公百官各就其位，宣表官手捧表文与两位大学士来到太和殿下正中，北向而跪，宣读皇帝向上天和全国臣民表明心迹的表文。接着乐队奏乐，群臣行三跪九叩礼。百官跪拜后，皇帝赐群臣入座饮茶。不过，只有王公勋爵可入太和殿坐，其余百官只能在殿外原位就座。饮茶毕，阶下再响鞭三声。皇帝在中和韶乐声中回宫，百官按次退下，朝贺典礼结束。

元旦除皇帝个人活动以外，皇太后要亲手制作糕点，供奉于神像及祖先牌位前，以示敬意。宫中女眷互相行礼，太监、宫女各向其主行礼，亲王郡王的福晋入宫向宫内亲人行礼，进如意、果品等。

95. 清代乐制中规格最高的雅乐是什么？

中和韶乐。中和韶乐是清代乐制中规格最高的宫廷雅乐，主要用于郊庙祭祀和朝会典礼。演奏乐器包括：镈钟、特磬、编钟、编磬、建鼓、篪、排箫、埙、箫、笛、琴、瑟、笙、搏拊、柷、敔、麾等，全部乐器使用材料包括金、石、土、革、丝、木、匏、竹八种，即八音俱全，符合古代儒家“大乐与天地同和”的礼乐思想。

96. 太和殿筵宴是怎么回事?

每年元旦、冬至、万寿节三大节，午正时刻在太和殿举行盛大宴席，招待各少数民族王公及外国使节。

宴桌分设在数个地方，皇帝御宴桌设在太和殿正中地平上，台下设内外王公、额驸、蒙古台吉及各族的伯克等人宴桌；理藩院尚书、侍郎及都察院左都御史等人的宴桌，设于太和殿前廊下，二品以上世爵、侍卫大臣、内务府大臣宴桌，设于太和殿月台前临时支搭的黄幕内；三品以下文武官员宴桌，设在太和殿院内临时支搭的八个蓝布幕棚内。太和殿大宴共设 210 席，皇帝御宴桌由内务府恭备，其他宴桌由亲王、郡王、贝勒、贝子恭进。

97. 太和殿是什么屋顶形式?

重檐庑殿顶。庑殿顶为中国古建筑屋顶式样之一，又称四阿顶，由一条正脊和四条戗脊组成，因而又称五脊殿，并有单檐、重檐之分。重檐庑殿顶为屋顶式样中最尊贵的形式。

太和殿

98. 太和殿的“五脊六兽”都叫什么名字？

根据《钦定大清会典》记载，太和殿屋脊上的“骑凤仙人”后面跟着“龙、凤、狮子、天马、海马、狎鱼、狻猊、獬豸、斗牛、行什”等异兽。

太和殿脊兽

99. 太和殿内的匾额和对联是复原归位的吗？

太和殿曾是明清两代皇帝统治的中心，俗称“金銮殿”。明清时期，凡重大庆典都在这里举行。太和殿的宝座位于北京中轴线的中点上，象征皇帝天下一人的至高无上地位。宝座上方（正中）、两侧金柱上曾分别悬挂乾隆帝亲笔书写的匾、联。

1911 年清朝灭亡之后，袁世凯由民国大总统改称“中华帝国洪宪皇帝”，曾想在太和殿“登基”，将太和殿匾、联撤掉，宝座移往他处。我们现在看到的“建极绥猷”匾（2.8m × 6.8m）和“帝命式于九围兹惟艰哉奈何弗敬；天心佑夫一德永言保之遹求厥宁”联一对（7.5m × 1m），是根据 1900 年拍摄的老照片，于 2002 年 9 月 18 日“回归”到当年的位置上。

100. 为什么民国时期太和殿宝座老照片和我们现在看到的不同?

确实不一样。民国时期太和殿内的宝座是袁世凯称帝登基时特意定制的宝座，将原有宝座放置于一间库房内。1959 年，故宫专家朱家溍先生根据 1900 年拍摄的老照片对比发现了此宝座，并加以修复。根据考证，此宝座应该是明代嘉靖时期重修皇极殿（明代太和殿称呼）的遗物，已有四百六十年历史了。此宝座经过修复，最终于 1964 年 9 月重新安置于太和殿内。

太和殿袁世凯宝座

101. 1945 年平津区投降仪式是在哪里举行的?

1945 年 10 月 10 日，在太和殿广场举行华北区侵华日军平津区投降受降典礼，各界 20 余万民众亲临见证此次盛会。中国第十一区战区司令长官孙连仲将军、吕文贞参谋长为受降代表，接受日本投降代表华北战区日军司令官根本博中将、参谋长高桥坦等所上降书。

日寇华北方面军向中国统辖华北地区的第十一战区投降仪式在故宫太和殿广场举行［孙连仲上将（前立者）、吕文贞中将（右敬礼者）及战区幕僚就位］

102. 太和殿广场东西两旁的高大建筑叫什么？

东面的建筑始建于明永乐十八年（1420），明初称文楼，嘉靖时改称文昭阁，清初改称体仁阁。乾隆四十八年（1783）六月毁于火，当年重建。体仁阁高25米，坐落于崇基之上，上下两层，黄色琉璃瓦庑殿顶。下层面阔九间，进深三间，明间为双扇板门，左右各三间安装一码三箭式直棂窗，两梢间、山墙及后檐用砖墙封护。檐下施以单昂三踩斗栱。一层屋檐上四周是平座，平座周围廊装有 24 根方形擎檐柱，用以支承顶层屋檐。柱间设寻杖栏杆连接，站在平座上可凭栏远眺。上层楼七间，四面出廊，前檐装修斜格棂花槅扇 28 扇，梢间与山墙及后檐墙用木板做封护墙，减少了下层的承重力。檐下为重昂五踩斗栱。檐角安放脊兽 7 个。康熙年间，曾诏内外大臣举荐博学之士在体仁阁试诗比赋，清代各朝御容也曾收藏于此。乾隆年重建后，此处作为清代内务府缎库，内设收贮缎绣木架 143 座。

西面的建筑始建于明永乐十八年（1420），明初称武楼，嘉靖时称武成阁，清初改称弘义阁。清代为内务府银库，收存金、银、制钱、珠宝、玉器、金银器皿等。皇帝皇后筵宴所用金银器皿由银库预备，用毕仍交该库收存。

弘义阁与体仁阁作为太和殿的陪衬建筑，左右对称，建筑形式完全相同。乾隆时体仁阁被火烧毁，就是仿照弘义阁重建的。由于二阁是太和殿的两厢，在形制上既要有主有从，又不能相差太大，影响和谐，因此建成楼阁形式，两层之间设腰檐，出平座，屋顶为单檐庑殿顶。使其高度达到 23.8 米，相当于太和殿高度的七成，又高于与其相邻的庑房。这样既不逾越建筑等级之制，也无两厢渺小之感，同时又改变了建筑空间的呆板格局。

103. “御门听政”在故宫哪里举行？

明代的“御门听政”在太和门举行，御门听政是历代较有作为的帝王处理政务的一种形式。明永乐皇帝朱棣迁都北京不到百日，三大殿被大火烧毁。朱棣曾在此御门听政，处理国家朝政。因是在清晨故又称早朝。明朝规定，文武官员每天拂晓到奉天门（太和门）早朝，皇帝亲自接受朝拜、处理政事。清军入关后，清世祖福临的登基典礼、加封多尔衮为叔父摄政王、封吴三桂为平西王等活动都是在太和门举行的。清初“御门听政”移至乾清门。

104. 北京中轴线最大的一对狮子是哪对？

是太和门前广场上的一对大铜狮。这对狮子铸造于清乾隆年间。铜狮高 2.36 米，前后长 2.4 米，宽 0.7 米，基座高 2.04 米，其中铜基座就有 0.7 米，总高 4.4 米。

105. 故宫中最年轻的建筑是哪座？

故宫中最年轻的建筑是太和门。光绪十四年（1888）十二月十五夜被焚毁，次年六月动工重修。历时六年，至光绪二十年四月才重修完工。

106. 明清两代献俘礼在哪里举行？

在午门举行。明清两代，每遇重大战争，大军得胜凯旋，要在午门向皇帝敬献战俘，称献俘礼。

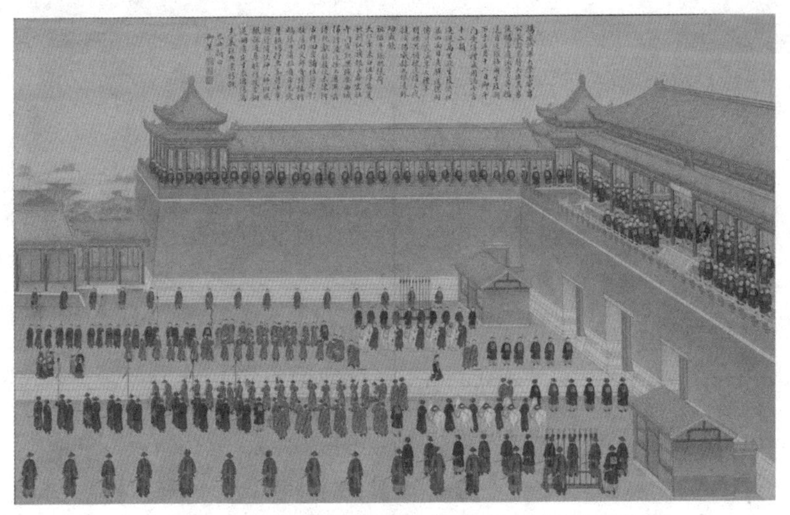

《平定回疆剿擒逆裔战图册》中的午门献俘仪式

107. “颁朔”典礼在哪里举行?

在午门举行。清代每年十月初一在午门举行隆重仪式，向全国颁布次年的历书，称“颁历”典礼。乾隆以后，因避乾隆帝“弘历”的名讳，故将“颁历”改称“颁朔”。

午门

108. 明代皇帝处罚大臣的杖刑在哪里执行?

在午门外广场执行。明代廷杖的规矩，是由太监监刑，“令锦衣卫行之”(《明史·刑法志》)。彼时午门前两侧设有锦衣卫值房，凡朝臣中有违背皇帝意愿者，即令锦衣卫当场逮捕，并在午门中央甬道的东侧行刑拷打，然后下“诏狱”等候处决。一般廷杖之后十之八九会被当场打死。有关廷杖的具体细节和方法,《钦定日下旧闻考》所记颇详:

凡杖者以绳缚两腕，囚服逮赴午门。每入一门，门扉随合。至杖所，列校百人，衣襞衣，执木棍林立。司礼监宣驾帖讫，坐午门西墀下。锦衣卫使坐右其下。俳而趋走者数十人。须臾，缚囚至，定左右，厉声喝喝:“阁棍。”则一人执棍出，阁于囚股上。喝:“打。”则行杖，杖之三，则喝令“着实打。”或伺上意不恻，曰:“用心打。”则囚无生理矣。五杖则易一人，喝如前。每喝环列者群和之，喊声动地，闻者股栗。凡杖以布承囚，四人舁之。杖毕举布掷诸地，几绝者十恒八九。

109. 何为“五门”？

《周礼》云:“王有五门，外曰皋门，二曰雉门，三曰库门，四曰应门，五曰路门。”明代北京的大明门、承天门、端门、午门、奉天门，清代的大清门、天安门、端门、午门、乾清门分别与周制天子“五门”相对应。

八、太庙

110. 按照“左祖右社”的古制，北京中轴线两侧分别建成了哪两个建筑群?

太庙和社稷坛。明永乐十八年（1420），太庙和社稷坛始建，按照“左祖右社”的古制与紫禁城同时建成。

111. 太庙和社稷坛各有什么作用?

中国古代的礼制思想中重孝道、重祖先，祈求列祖列宗在上保佑江山永固，所以在宫殿左前方设祖庙，供帝王祭祀祖先；土地与粮食是国之根基，有粮则安，社为土地，稷为粮食，所以在宫殿右前方设社稷坛，是帝王祭祀土地神、粮食神的地方。

112. 北京市劳动人民文化宫前身是什么?

太庙，位于北京市东城区东长安街天安门东侧，占地面积13.9万平方米，是明清两代皇帝祭祖的地方。1950年改名为“北京市劳动人民文化宫”并正式对社会开放。

太庙

113. 何为“庙祀”？

庙祀是建造专门的宗庙，对祖先进行祭祀的活动。古代天子、诸侯、士都可以建庙祭祀祖先，平民则不许。庙祀对维护以家庭为中心的宗法制度、巩固贵族的世袭统治有重要作用。此外，宗庙也往往与社稷并列，作为王室或国家的代称。明代的庙祀是对明代皇帝的祖先以及前朝皇帝的祭祀活动，是一个庞大而复杂的体系。

明代的庙祀建筑以太庙为主要代表。明初在皇宫左面建四庙奉祀德祖、懿祖、熙祖、仁祖。洪武九年（1376）改建太庙，改建后的太庙前为正殿，后为寝殿，两边都建有走廊。寝殿九间，每间为一室，奉安四祖神主，此为同堂异室之制。寝殿中，各神主皆南向。正殿中设各祖神座，以德祖为中，南向，余按昭穆，分别东西向。永乐十八年（1420），在北京皇宫东南建太庙，如南京之制。

114. 何为“庙享”？

皇帝死后，其牌位按例要供入祭祖的太庙，以备子孙后代祭祀，称为庙享。

115. 何为“大祀”？

据《乾隆会典》载，大祀包括圜丘（天坛）、方泽、祈谷、雩祭、太庙、社稷等祭祀，多为皇帝亲祭。乾隆时，改常雩为大祀。皇帝亲祭时于大祀前斋戒三日，斋戒前一日沐浴，斋戒日不理刑名、不宴会、不听乐、不入内寝、不饮酒、不茹荤、不祭神、不扫墓。每祭用牛、羊、猪等大批祭物并伴有乐舞，仪节隆重而烦琐。

116. 太庙现存前殿是明代建造的吗？

前殿是太庙三大殿中的主殿，是皇帝举行大祀之处。始建于明永乐十八年（1420），嘉靖十五年（1536）因更改庙制而略作修改，嘉靖二十年遭雷击焚毁，嘉靖二十四年复建。明末清初遭受残损，但主体木构架保存较为完好，现仍为嘉靖原构，清顺治年间修复。大殿十一楹，深四楹，重檐列脊，殿额有满汉文对照的“太庙”。殿外的三重台基用汉白玉石栏环绕，月台御道正面依次刻有龙文石、狮纹石和海兽石。殿内的大梁为沉香木，其余用金丝楠木；地铺“金砖”；天花板及四柱均贴有赤金叶。殿内原供奉木制金漆的神座，帝座雕龙，后座雕凤。座前陈放供品、香案和铜炉等。两侧的配殿设皇族和功臣的牌位。

太庙正殿内金丝楠木

117. 清代共有几位功臣配享太庙？

清代一共有 26 人配享太庙（和珅的弟弟和琳曾短暂配享，但很快被嘉庆帝除名）。东殿供奉宗室及外藩诸王（其中爱新觉罗宗室 12 位，外藩蒙古亲王 2 位），西殿供奉有功大臣 12 位（其中满人 11 位，汉人 1 位）。

太庙享殿东配殿内供奉配享的满蒙有功亲王的牌位

118. 清代配享太庙的功臣中的汉人是谁?

张廷玉是配享太庙功臣中的唯一一位汉人。张廷玉（1672—1755），字衡臣，号砚斋。祖籍安徽桐城，大学士张英次子。官至太保、保和殿大学士、三等勤宣伯，死后谥号“文和”。

九、社稷坛（中山公园）

119. 北京中山公园的前身是什么？

社稷坛。位于北京市东城区西长安街天安门西侧，面积360余亩，是明清两代皇帝祭祀土地神和五谷神的地方。1914年10月10日社稷坛开辟为中央公园，1928年改名为中山公园。

120. 社稷坛中的“社”“稷”分别是指什么？

社稷中“稷”指的是一种粮食作物，又名粟或黍，是五谷之一。古代以“稷”为百谷之长，因此“稷”也指五谷神。“社”指土地神，合起来代指祭祀。古时祭祀是国家的大事，所以两者在一起，用来比喻国家。

121. 社稷坛五色土分别为哪五色？

社稷坛祭坛上层按照中国东、南、西、北、中的方位区域，分别铺设青、红、白、黑、黄五种不同颜色的土壤，俗称“五色土”。五色土，整齐地铺洒在社稷坛上，寓意“普天之下，莫非王土”，象征领土完整、国家统一以及金、木、水、火、土五行为万物之本。

社稷坛（五色土）

122. 社稷坛中五种颜色的土分别取自哪里？

据《明史》记载，明代在祭社稷前，要从河南取黄色的土，从浙江、福建、两广地区取红色的土，从江西、湖广、陕西取白色的土，从山东取青色的土，从北京取黑色的土。全国一千三百多个县，每县都要在“名山高爽之地”取土百斤，再分别运往京城。

123. 距离天安门最近的剧场是哪座？

中山公园音乐堂。位于中山公园内，原名北平市音乐堂，始建于1942年。1949年解放军接管时，音乐堂只是一个用铁丝网圈起来的简陋舞台，被称为“雨来散”。

1945年社稷坛旁边的中山音乐堂

1956年，中山公园音乐堂进行过一次加顶改造，之后音乐堂有3200多个座位，成为北京最大的剧场。1958年，中山公园音乐堂又进行了扩建，将舞台加高到20米，添装了34根吊杆，可以演出大型吊景的歌舞和戏剧。1983年，音乐堂改建后，正面和两侧建起一道中间为吸音壁、上下全是玻璃装修的外墙及一条环墙封闭走廊，观众厅则安装了2100多个人造革软座椅。至此，音乐堂成为封闭式剧场。1997年7月至1998年4月，市政府投资8900万元对音乐堂进行了大规模改建，才形成现在的模样。

124. 社稷坛什么时候改名为中山公园的?

1914 年，在北洋政府内务总长朱启钤的创意、主持下，将社稷坛辟为公园向社会开放，初称中央公园，是当时北京城内第一座公共园林。1925 年孙中山先生逝世，在园内拜殿（今中山堂）停放灵柩，举行公祭。为纪念这位伟大的民主革命先驱，1928 年改名为中山公园。

125. 中山公园内的孙中山先生像是哪年立的?

纪念铜像是 1983 年 3 月由 54 位北京市政协委员提案，为纪念孙中山先生逝世六十周年而立。铜像高 3.4 米，重 1.8 吨。基座高 1.6 米，为黑色大理石贴面。正面镌刻着邓小平同志书写的“伟大革命先行者孙中山先生永垂不朽”鎏金题字。经北京市委批准，1985 年年初首都城市雕塑艺术委员会决定推荐市政协委员、中央美术学院教授曾竹韶主持设计，北京机电研究院铸造所铸造。基座由北京建筑艺术雕塑厂制作，铜像广场绿化由北京园林设计所设计，中山公园施工。1986 年 11 月 12 日举行了落成揭幕式。

孙中山像

126. 中山公园内的格言亭是哪年建造的?

格言亭为 1915 年朱启钤的好友、时任总统咨议雍涛，出于既可规诫世人，又可增添景观之由，捐资兴建，是全园唯一一座西洋式亭子。原建在南大门内，后因建“公理战胜”石坊，1918 年移至此处。全亭为白石筑成，直径 6.6 米，高约 8 米，亭外四周有栏杆围绕。栏杆是以 12 个球型石墩分 4 组，每组 3 个，中间用铁管相连，四周有出口。8 根石柱内侧各刻有先人格言一则。

格言亭（美国人甘博拍摄）

127. 格言亭内都有哪些格言?

格言八柱内容如下:

丹书之言曰: 敬胜怠者吉，怠胜敬者灭;

孔子之言曰：自古皆有死，民不信不立；

孟子之言曰：国之本在家，家之本在身；

子思之言曰：温故而知新，敦厚以崇礼；

程子之言曰：主一之谓敬，无适之谓一；

武穆之言曰：文官不爱钱，武官不惜死；

朱子之言曰：尽己之谓忠，推己之谓恕；

阳明之言曰：知是行之始，行是知之成。

1955 年 8 月，“因认为这些格言不合当时的政治环境，公园奉令将《格言亭》八根石柱上的字迹全部磨掉”。

128. 清代承应宫廷奏乐演戏的机构在哪里？

升平署。清乾隆五年（1740），升平署在南花园（今南长街南口）内设府，令太监在此排戏，隶属内务府管辖。为了区别于西华门内之内务府，故称位于南花园的分府为南府。清宣统三年（1911）升平署裁撤。现存小戏台一座。

升平署戏台现状

十、天安门

129. 天安门东西两旁曾经有过两座门吗？

是的，分别叫长安左门和长安右门。明代《长安客话》载：进大明门（清改大清门），次为承天之门（天安门），天街横亘承天门之前，其左曰东长安门（长安左门），其右曰西长安门（长安右门）。

130. 为什么说天安门是“中国第一门”？

天安门是明清两代北京皇城的正门，始建于明永乐十五年（1417），最初名“承天门”，寓“承天启运、受命于天”之意。清顺治八年（1651）更名为天安门。在明清时期，天安门是用来向文武百官宣读皇帝诏书的城楼。1949 年，天安门被赋予了全新的含义，成为中华人民共和国的象征。

1900 年，经历过庚子事件八国联军炮火洗礼后的天安门
（城楼上炮弹轰炸的痕迹清晰可见）

131. 天安门为什么是五个门洞?

天安门城门五阙，重楼九楹，高 33.87 米。寓意为九五之尊。

132. 天安门前的石桥叫什么名字?

金水桥。金水桥是天安门前跨于金水河上五座石拱桥之总称，天安门前的金水桥被称为“外金水桥”。《古今事物考》载：帝王阙内置金水河，表示天河银汉之意。金水桥始建于明永乐年间，初为木桥，景泰三年（1452）换成石桥，清康熙二十九年（1690）再度修缮。

金水桥

133. 明清两代“金凤颁诏”仪式在哪里举行?

天安门。明清两朝，凡遇国家庆典、新帝即位、皇帝结婚、册立皇后，都需在此举行“颁诏”仪式。届时于城楼大殿前正中设立宣诏台。由礼部尚书在紫禁城太和殿奉接皇帝诏书（圣旨），盖上御宝，把诏书敬放在云盘内，捧出太和门。置于抬着的龙亭内，再出午门，登上天安门城楼。然后将诏书恭放于宣诏台上，由宣诏官行宣读。文武百官按等级依次排列于金水桥南，面北而跪恭听。宣诏毕，遂将皇帝诏书衔放在一只木雕金凤的嘴里，再用黄绒绳从上系下，礼部官员托着朵云盘在下跪接，接着用龙亭将诏书抬到礼部，经黄纸誊写，分送各地，布告天下。

天安门“金凤颁诏”仪式及局部

134. 天安门重修过吗？

如今的天安门是 1970 年按照原来的形制重建的，当时其内部为适应重大活动的需要进行了改建。

135. 天安门有多高？

34.7 米，这是 1970 年翻建的高度，比原高度增加了 0.83 米。

136. 天安门城楼是什么时间正式对游客开放的？

1988 年 1 月 1 日，“北京国际旅游年”的第一天，天安门城楼正式向中国乃至全世界的广大游客开放。

137. 天安门城楼上，为什么要写“世界人民大团结万岁”？

天安门的中间，是巨幅的毛泽东主席画像，两边则分别写有“中华人民共和国万岁”“世界人民大团结万岁”的大幅标语。其实，在举行开国大典的时候，时任新闻总署署长胡乔木拟订的标语是“中华人民共和国万岁”“中央人民政府万岁”，并以繁体字书写。1950 年的国庆节前夕，在毛主席的提议下，胡乔木将“中央人民政府万岁”改成了“世界人民大团结万岁”，由钟灵书写。

天安门

至于为什么改写为“世界人民大团结万岁”，胡乔木解释说：“我们是新民主主义国家，要发展同世界人民的友谊和联系。这两条标语，一条‘中国’，一条‘世界’。无论什么时候都是适用的，要成为固定的、永久性标语。”

这一次的标语变动凸显了中华人民共和国的国际责任感，以及致力于为人类社会的进步做出更大贡献的心态。这个改动不仅展示了国家的开放和包容，也表达了中国愿意与世界各国共同合作，推动世界人民的团结和进步。

十一、天安门广场建筑群

138. 世界上最大的城市中心广场是哪座?

北京天安门广场。天安门广场南北长 880 米，东西宽 500 米，面积达到 44 万平方米，可容纳 100 万人举行盛大集会。

1915 年拍摄的天安门广场，千步廊已拆除，皇城墙保持完整

今天的天安门广场

139. 1949 年开国大典时，天安门广场第一根旗杆高多少米?

当时，旗杆总高度为 22 米。由于开国大典日期临近，制作旗杆的时间紧迫，一时又没有专门的技术和材料。最后，临时找出 4 根直径不同的自来水管焊接在一起，制作出了新中国第一根旗杆。北京天安门广场的旧国旗杆历经了数十载风雨后，于 1991 年 4 月 15 日被拆除并送往当时的中国革命博物馆（今国家博物馆）保存。

现存国家博物馆内的天安门广场老旗杆

140. 天安门广场现在的旗杆高多少米?

33 米。有一种说法是国旗只上升到 28.3 米，因为中国共产党是在 1921 年 7 月成立，而新中国正式成立的时间是 1949 年 10 月，两者相差二十八年零三个月。事实是国旗升到杆顶。

141. 人民英雄纪念碑是哪年建成的?

1949 年 9 月 30 日，中国人民政治协商会议第一届全体会议决定，为了纪念在人民解放战争和人民革命中牺牲的人民英雄，在天安门广场建立人民英雄纪念碑。从 1949 年 9 月 30 日人民英雄纪念碑奠基，1952 年 8 月 1 日动土兴建，到 1958 年 4 月 22 日正式竣工、5 月 1 日落成揭幕，共历时九年。

142. 人民英雄纪念碑为什么坐南朝北?

中国传统的碑祭性建筑一般都是坐北朝南，人民英雄纪念碑最初设计方案也是如此。但在建造过程中发现，参观的人流多是从长安街进入天安门广场，并集中在广场北部。如果坐北朝南，不便于人们在第一时间看到毛主席题字，在天安门广场有大型纪念活动时更是如此，因此调转方向朝北。

143. 人民英雄纪念碑碑文是用什么材料题写的?

黄金。碑题、碑文共用黄金 130 余两。

144. 人民英雄纪念碑正反两面所镌刻的碑文是什么?

正面为 1955 年 6 月 9 日，毛泽东主席为纪念碑正面的碑心石题写的八个大字“人民英雄永垂不朽”。

背面是周恩来题写的毛泽东在全国政协第一届全体会议上起草的碑文:“三年以来，在人民解放战争和人民革命中牺牲的人民英雄们永垂不朽。三十年来，在人民解放战争和人民革命中牺牲

人民英雄纪念碑正面

人民英雄纪念碑背面

的人民英雄们永垂不朽。由此上溯到一千八百四十年，从那时起，为了反对内外敌人，争取民族独立和人民自由幸福，在历次斗争中牺牲的人民英雄们永垂不朽。”

145. 人民英雄纪念碑碑身下方的八幅浮雕分别记载了哪些历史事件?

分别记载了：虎门销烟、金田起义、武昌起义、五四运动、五卅运动、南昌起义、抗日游击战、渡江战役。

146. 新中国成立十周年首都“十大建筑”中，有几个在中轴线上?

两个。“十大建筑”是人民大会堂、中国革命博物馆与中国历史博物馆、中国人民革命军事博物馆、民族文化宫、民族饭店、北京火车站、工人体育场、农业展览馆、钓鱼台国宾馆、华侨大厦。其中，人民大会堂、中国革命博物馆与中国历史博物馆（今中国国家博物馆），分列天安门广场西、东两侧。

147. 天安门广场最高的建筑在哪里?

人民大会堂，高 46.5 米，是天安门广场最高的建筑。

人民大会堂

148. 全国各场所悬挂的国徽中尺寸最大的一枚在哪里?

人民大会堂东门上方的国徽，高 5.6 米、宽 5.2 米，是全国各场所悬挂的国徽中尺寸最大的。

149. 人民大会堂在多长时间内建成?

10 个多月。人民大会堂于 1959 年 9 月 24 日建成。作为新中国成立十周年首都“十大建筑”之首，人民大会堂工程结构之复杂、建设标准之高、工艺之多、施工速度之快，堪称当时国内之最。

150. 人民大会堂有多少个厅?

34 个。其中香港厅面积最大，为 1728 平方米。

151. 人民大会堂为什么也称“万人大会堂”?

人民大会堂一层设座位 3693 个，二层 3515 个，三层 2518 个，主席台可设座 300~500 个，总计可容纳 1 万人，是名副其实的“万人大会堂”。

152. 世界上单体建筑面积最大的博物馆是哪座?

中国国家博物馆。其前身可追溯至 1912 年成立的国立历史

国家博物馆

博物馆筹备处，目前总用地面积 7 万平方米，建筑高度 42.5 米，地上 5 层，地下 2 层，展厅 48 个，建筑面积近 20 万平方米，是世界上单体建筑面积最大的博物馆。

153. 毛主席纪念堂展示了哪几位革命领袖的丰功伟绩?

毛主席纪念堂是以毛泽东同志为核心的党的第一代革命领袖集体的纪念堂，二层设有毛泽东、周恩来、刘少奇、朱德、邓小平、陈云革命业绩纪念室，是展示这六位领袖伟大革命历程，学习缅怀他们建立丰功伟绩的场所。

毛主席纪念堂正门

154. 毛主席纪念堂是哪年建成的?

1977 年 9 月 9 日。1976 年 10 月 8 日，中共中央、全国人大常委会、国务院、中央军委决定建立毛主席纪念堂，11 月 24 日正式开工建设，1977 年 5 月 24 日主体建筑完工，9 月 9 日举行落成典礼并开放。

155. 毛主席纪念堂的高度为什么定为 33.6 米?

毛主席纪念堂建在人民英雄纪念碑与正阳门的正中间，正阳门城楼高 43.65 米，人民英雄纪念碑通高 37.94 米，这就需要考虑到站在天安门上、金水桥畔看纪念堂时，正阳门城楼大屋顶的轮廓不能与纪念堂的最高处重叠。也要考虑到纪念堂的高度不能太高，不能有压过纪念碑的态势。经专家组计算与分析，将毛主席纪念堂通高定在 33.6 米。

十二、正阳门（前门）

156. 大清门两旁原来有两座牌楼分别叫什么？

“敷文”牌楼和“振武”牌楼。明成祖朱棣营建北京城时，在正阳门与大明门（清代称大清门、民国称中华门）之间修建棋盘街，将长达 3 公里的江米巷分隔为东西两段。在棋盘街十字形通道之横街两端即东江米巷（今东交民巷）西口和西江米巷（今西交民巷）东口分别建造两座牌楼，东江米巷西口的牌楼称为“文德”，西江米巷东口的牌楼称为“武功”，两座牌楼的形制和样式相同。“文德”牌楼与“武功”牌楼东西相对，以明皇城为中心，按照“左文右武”的规制排列，在北京中轴线两侧形成对称格局，共同烘托居中坐北朝南的大明门，构成严整的空间序列。清代又将两座牌楼分别更名为“敷文”和“振武”。1954 年 3 月东交民巷西口的敷文牌楼与西交民巷东口的振武牌楼同时被拆除。

1902 年前后，修缮一新的“敷文”牌楼

西交民巷东口“振武”牌楼，牌楼旁是河北银行红色钟楼

157. 在北京中轴线上，最大的北京雨燕种群栖息地在哪里?

正阳门城楼。颐和园、雍和宫、前门、天坛、历代帝王庙等地古建筑横梁的缝隙中均有北京雨燕栖息。其中，正阳门城楼是北京地区最大的北京雨燕种群栖息地。

正阳门城楼

158. 老北京最高的城门楼是哪座?

正阳门城楼，民间俗称前门，是明清两朝北京内城的正南门。正阳门自建成之日起便是内城九门中建制最高、建筑最壮丽的城门。民国五年（1916），瑞典学者奥斯伍尔德·喜仁龙到达北京后，第一次对北京的所有城墙和城楼进行了实地测绘和测量。他从多个角度进行测量，最后记载的城墙高为 10.72 米，基厚 18 米，顶宽 15 米，箭楼通高 36 米，城楼通高 42 米，由此正阳门的高度第一次有了确切的数据。2005 年为迎接北京奥运会，对正阳门进行了历时一年的修缮。施工前夕，北京市古代建筑研究所对其进行了实际测量。这次采用了先进的测量测绘仪器，得出了更为精确的数据：正阳门城楼通高（从室外地平线到门楼正脊上皮）是 43.65 米，箭楼通高 35.37 米。其城楼通高 43.65 米。

为迎接两宫回銮而搭建的临时彩棚（1901 年 12 月）

159. 正阳门在古代的用处是什么?

正阳门原本是集城楼、箭楼和瓮城为一体的完整的古代防御性建筑格局，民国时期瓮城被拆，只留下了如今的城楼和箭楼。

160. 前门为什么叫“正阳门”？

“正阳”二字颇有寓意，始出于战国时楚国屈原的《远游》篇，曰:“餐六气而饮沆瀣兮，漱正阳而含朝霞。”《辞源》《辞海》等对“正阳”的解释有三种含义：一为南方日中之气；二指帝王，古人以日为人君之象，而日为众阳之宗，故以“正阳”指帝王；三是农历四月为正阳，即春日生机盎然。“正阳”富有吉祥之意，因此“正阳门”即“吉祥之门”。

161. 为什么正阳门瓮城内有一座关帝庙?

元末明初，随着《三国演义》对关羽忠义形象塑造的完成，关羽被迅速神化。特别是明成祖朱棣在亲征漠北时，大军遇到漫天黄沙，迷失了方向。传说有一神为之前驱，“其巾袍刀杖，貌色髯影，果然关公也”。于是朱棣下令在京城各门瓮城里建了多座关帝庙，其中又以正阳门瓮城内这座关帝庙最为重要，凡国家有大灾，都要到关帝庙上香，焚表祭告。正阳门关帝庙背靠城台，由山门、石座、供桌和关圣帝君殿组成。《神异典》中记载:“永乐元年，……特颁龙凤黄纻旗一揭竿竖之。每岁正旦、冬至、朔望祭祀，香烛等仪具有恒品。”既然是皇家亲赐龙凤旗杆悬挂，可想而知关羽“地位”之隆。万历四十二年（1614）十月十一日，皇帝派司礼监太监李恩齐捧九旒冠、玉带、龙袍、金牌、牌书，敕封关圣为三界伏魔大帝、神威远震天尊关圣帝君。在正阳门关帝庙建醮三日，并颁告天下。清顺治帝加封关羽为“忠义神武关圣大帝”；康熙帝御笔题写“忠义”匾额给正阳门关庙，又封关羽为“忠义神武灵佑仁勇显威护国保民精诚绥靖翊赞宣德关圣大帝”。1967 年此庙被拆除。

原正阳门门楼下的关帝庙

原正阳门关帝庙外景

原关帝庙内关羽像

162. 正阳门从建成到现在历经过几次焚毁?

据史料记载：正阳门自明正统四年建成至今，历经磨难，多次毁于大火。其中明代两次被焚毁，清代经历了三次火灾，而以第五次被毁最为惨重。第五次，也是最近的一次焚毁是清光绪二十六年（1900）六月十六日晚，"义和团"为扶清灭洋，抵制洋货，在大栅栏放火，不仅烧了大栅栏一条街，还殃及了正阳门箭楼。两个多月后，驻扎在瓮城内"八国联军"中的英军雇佣军印度兵不慎失火，又将正阳门城楼烧毁。直至光绪三十二年（1906）才重修竣工。

1900 年被毁后的正阳门箭楼

1904 年，重建中的正阳门，梁架和歇山顶已架起，主脊已上完

163. 正阳门上曾经临时搭建过牌楼吗?

是的，在 1902 年 1 月，在西安避难一年多的慈禧太后和光绪皇帝返回京城。此时的前门箭楼和门楼已经焚毁，光秃秃的十分难看。官员们认为如果就这么迎接慈禧太后和光绪皇帝，实在太不成体统。于是，想了个救急的办法——让承修正阳门工程的厂商在城楼上搭了一个临时的彩牌楼。当时接驾的直隶总督陈夔龙，在《梦蕉亭杂记》中写道："辛丑两宫回銮有期。余奉命承修跸路工程，以规制崇闳，须向外洋采办木料，一时不能兴工。不得已，命厂商先搭席棚，以五色绸绫，一切如门楼之式，以备驾到时，藉壮观瞻。”

164. 正阳门瓮城是什么时候拆除的?

1915 年，民国政府为了解决交通拥堵问题，由内务总长朱启钤主持、制订了正阳门改造计划；1915—1916 年拆除了瓮城，变为开放式广场，从此前门楼子与箭楼变为两座独立建筑。

1963—1966 年为了修地铁又拆除了正阳门东西两侧城墙；1967 年，瓮城里的两座庙被拆除。

165. 正阳门箭楼何时当过国货陈列馆?

20 世纪 20 年代，英国、美国、法国等西方国家凭借着政治特权和经济优势，对中国进行商品大肆倾销，使中国的民族工业面临强力冲击，各界群众多次开展抵制洋货、提倡国货的爱国运动。在各界舆论的强烈呼吁下，刚刚成立不久的南京国民政府于 1928 年 10 月开展提倡国货运动。同年，北平国货陈列馆成立，其馆址就设在正阳门箭楼。11 月，北平国货陈列馆正式对外开放。

正阳门箭楼

国货陈列馆时代的正阳门箭楼

166. 正阳门箭楼前原来还有一座石桥吗?

改造中的正阳桥

该石桥为正阳桥，始建于明正统四年（1439）。桥身为三拱券洞结构，桥面为三幅结构，幅间由汉白玉护栏分割，中间一幅桥面为“御道”，故又被称为“三头桥”。整个桥面远宽于京城九门中其他各门的护城河桥。这一点可以从《乾隆南巡图》中得到印证。在该图中，正阳桥被四道栏杆隔成了三条道路，乾隆帝正是行走在桥面的最中间。

1919 年，为了铺设电车轨道，北洋政府对正阳桥进行了改造，把拱桥改为平桥，并拆除原有砖拱，改为钢筋混凝土结构。20 世纪 50 年代中期，再次对正阳桥进行改造，改为沥青路面；1966 年则对护城河加盖，改造为道路，正阳桥自此完全消失。

167. 现在前门大街耸立的哪座五牌楼是复建的？

明代在修建北京城时，每个城门都有一座桥，每座桥在桥头都立一座牌楼。其中正阳门桥前的牌楼规格最高，是“六柱五间”牌楼，“五牌楼”的俗称由此而来。牌楼名字以桥的名字命名，正阳门桥前立的这座牌楼正名就叫“正阳桥牌楼”。这些桥前立的牌楼被称为“桥牌楼”。前门五牌楼在 20 世纪 50 年代因交通原因被拆除，现在我们看到的是 2008 年 5 月按照历史原样复建的。

前门五牌楼

乾隆南巡图第一卷局部：前门五牌楼

168. 1959 年之前北京最大的火车站在哪里?

前门火车站。1901 年 3 月，英军为适应战时军运需要和平时加强对北京控制，趁机将关内外铁路自京郊马家堡展筑至永定门，又强行将永定门东侧城墙扒开，把铁路修至皇城脚下的前门。1901 年 11 月，建立正阳门东站，为关内外铁路北京方向终点。在前门建火车站是因为这里靠近东交民巷使馆区。1901 年 12 月 10 日，正阳门东站开通运营。车站从开通运营到站舍完全竣工历时数年。建站之初未建正式站舍。1903 年 1 月，在正阳门瓮城东侧开始修建站舍。1904 年 5 月，修建栅栏，严禁无票旅客及闲杂人员进站。1906 年 4 月，在栅栏内始建客票房。1909 年，车站正式竣工启用。

民国正阳门城楼和箭楼改造后从空中拍摄的全景，旁边就是前门火车站

169. 前门火车站为什么又叫“京奉铁路正阳门东车站”？

因为这里是北京通往关外奉天（今沈阳）的铁路起始站。1907 年（光绪三十三年）5 月 31 日，历时二十余年、耗资 5088.4 万元建成的关内外铁路全线通车，成为联结北京与东北的交通大动脉。其干线全长 849.39 公里，加上各支线总长

1400 公里，并改称“京奉铁路”，京即北京，奉即奉天，今称沈阳。全线设站 87 座，为东北及华北各路通海之枢纽。至此，正阳门东站也有了新的名字：京奉铁路正阳门东车站。1959 年 9 月，新北京站建成通车后停业，现为中国铁道博物馆。

前门火车站

中国铁道博物馆

170. 前门西站在哪里?

位于正阳门西月墙。1889 年 5 月，清政府把兴建铁路作为“自强要策”。6 月，决定修建卢（沟桥）汉（口）铁路，将首倡卢汉铁路的张之洞从两广总督调任湖广总督，主持卢汉铁路的修建。卢汉铁路长 1300 公里，预算费用银 2000 万 ~3000 万两。这在当时是从未有过的大工程。对于卢汉铁路的兴建，张之洞设想“前六七年积款，后三四年兴工修建，两端并举，一气作成”。但招商集股不成，清政府不得已谕准卢汉铁路筹借洋款兴办。

1898 年 6 月，借比利时 11250 万法郎。1901 年 7 月又借比利时铁路公司 170 万两库平银，开始修建。卢汉铁路兴筑分南北两段开工。1897 年，北端从卢沟桥起至保定，由清政府筹款建筑，聘英人金达为总工程师，1897 年 4 月动工，1899 年 2 月完工通车。1900 年八国联军侵占北京后，将北端起点由卢沟桥向东北方向延长，在莲花池北转向东，在广安门北穿过外城西墙，

前门西站，又称正阳门西站，是京汉铁路在北京的起点站

经西便门内沿内城墙与护城河向东延，经宣武门外至正阳门西月墙，建前门西站。1905年前门西站启用。前门西站设站台4个，其中一个长250米、宽9米，一个长135米、宽10米，总面积为3.76万平方米。1906年4月1日全线通车，卢汉铁路由此改名为京汉铁路。1928年6月改称平汉铁路，1949年10月复称京汉铁路。1958年2月，为配合前三门护城河改造、改善交通状况，拆除了前门西站及该站至西便门站间线路。

171. 中国民主革命的先驱孙中山先生在京去世后，灵柩是从哪个车站南下去了南京安葬？

正阳门东站。1929年5月26日，盖着蓝灰色杭缎湘绣棺罩的孙中山灵柩从北京西山碧云寺启程，在正阳门东站上火车，前往南京中山陵。当时前门箭楼和火车站前都高搭灵棚，30万人心怀哀痛，恭送孙中山先生灵柩南下。

172. 前门地区最著名的商业街为什么叫“大栅栏”？

明人张竹坡写的《京师五城坊巷胡同集》中并未收载“大栅栏”这个地名。大栅栏属于前门的廊房四条胡同。明弘治元年（1488），为治理京师社会治安，在北京各条街巷门口，设置了木质栅栏，栅栏由所在地区居民出资修建，从此以后直到清朝末年在北京的街道上共修建了一千七百多座栅栏。其中廊房四条的栅栏由商贾出资，栅栏规模

曾经的大栅栏商业街

格外大，因而被称为“大栅栏”，久而久之“大栅栏”这个俗称就取代廊房四条成为这条街道的正式名称。现在大栅栏东口的铁艺栅栏是 2000 年根据历史原貌复建的。

民国时期的大栅栏东口

如今的前门大街

173. 中国第一部电影是在哪里上映的?

前门大栅栏大观楼。1905 年 10 月，中国第一部电影《定军山》在大栅栏的大观楼电影院放映，由著名京剧大师谭鑫培主演。

174. 老北京形容富贵的口头语“头戴马聚源，身穿瑞蚨祥，脚蹬内联升，腰缠四大恒”分别指的是哪些字号?

这句话是指戴马聚源帽店的帽子，身穿用瑞蚨祥的绸布做的衣服，脚蹬一双内联升靴鞋店的靴鞋，兜里揣着四大钱庄的钱票。“四大恒”是恒利、恒和、恒兴、恒源四大钱庄，可随时直接去钱庄兑换现银。

175. 北京最窄的胡同在哪里?

钱市胡同。钱市胡同位于前门珠宝市街西侧，胡同全长 55 米，平均宽仅 0.7 米，最窄处仅 0.4 米，两人对面走过都要侧身而行，是北京最窄的胡同。

前门大栅栏大观楼

钱市胡同

176. 北京中轴线上唯一一座西方宗教建筑是哪座？

珠市口基督教堂。珠市口教堂始建于 1904 年，是 1900 年后美国美以美会（卫理公会）在北京开设第一座教堂。1921 年进行了扩建，把旧堂改建成三层楼房，即现今的礼拜堂。1966 年教堂关闭，1988 年 12 月 20 日复堂。2018 年 11 月珠市口教堂房屋被认定存在严重的安全隐患问题，于 2019 年 1 月 31 日暂停使用，经过加固修缮，于 2024 年 3 月 30 日恢复开堂使用。

十三、天桥地区

177. 天桥真的有桥吗?

天桥过去真的有桥。天桥始建于元代，明嘉靖时重建，清乾隆五十六年（1791）重修。1906 年，改修天桥桥面，拆去桥面中间的两道石栏杆。1927 年，天桥拆除上部结构，下部结构埋于地下。1934 年，将天桥下部结构及海墁拆除，至此天桥全部拆净。2013 年 11 月在天桥原址以南 40 米处复建了一座青白石拱景观桥，此桥无论位置、桥型还是拱度均与原天桥有一定的差距。

1901 年的天桥旧影（霍尔姆斯 Burton Holmes 拍摄）

2013 年 11 月新修的“天桥”

178. 天桥历史上立有双碑吗？

“天桥双碑”是清代乾隆帝敕建于天桥两侧的御制石碑，桥西为《帝都篇》《皇都篇》碑，桥东为《正阳桥疏渠记》碑，一东一西并排而立，是北京中轴线上重要的文化景观。咸丰年犹在，同治间一迁桥弘济院内，一迁桥西斗姥宫。天桥“东碑”所在地弘济院俗称红庙，清末以来逐渐为居民占住，碑一直存留至今，并于 1984 年公布为市级文物保护单位；天桥“西碑”则经历了曲折的迁徙过程。斗姥宫民国年间即已不存，移入庙中的“西碑”也被拆至先农坛存放，后来更是销声匿迹。直到 1993 年文物普查，方得到“西碑”已于 20 世纪 60 年代埋入先农坛地下的线索，但位置不详。天桥“西碑”刊有乾隆帝亲书的《帝都篇》《皇都篇》两篇碑文，在北京建都史上具有特别的文化意义。2004 年终于在先农坛北区查到“西碑”下落，并于次年 4 月出土。2006 年 5 月 18 日，首都博物馆新馆正式开馆，天桥“西碑”则被迁置于首都博物馆新馆文化广场东侧。

2013 年 11 月新修的“天桥”及双碑

西碑现存首都博物馆新馆文化广场东侧

179. 为什么刊刻《正阳桥疏渠记》碑?

天桥地区夏雨季节因地势低洼经常积水，乾隆五十六年（1791）在天桥以南地区下令疏浚水道。水道多河经疏浚后环境大为改观，乾隆帝龙颜大悦，即于当年刊刻《正阳桥疏渠记》并刻方碑。

《正阳桥疏渠记》碑

180. 天桥西碑《帝都篇》与《皇都篇》碑文内容是什么?

乾隆五十六年天桥被改建为石拱桥，原来的“晴天一身土，雨天一身泥”的景象大为改观。乾隆帝亲自题写了《正阳桥疏渠记》，并命人刻在石碑上，立于桥头东侧。后来他又把早年间立于永定门外的《帝都篇》和《皇都篇》石碑复刻了一座，立于桥头西侧。这样天桥桥头东西两侧各有一座石碑，再次讴歌了北京的山川形胜和自己的乾隆盛世。

181. 天桥两旁的沟壑为什么起名“龙须沟”?

此河道是永乐年间建天坛和山川坛时所做的排水沟渠，老北京有个说法，如果把北京城比作一条龙，那么天桥就是龙鼻子，而桥下的这条河流则是龙须，因此这条河也得名为龙须沟。

182. 龙须沟什么时候消失的?

1950 年 2 月，市卫生工程局成立龙须沟工程处，于 5 月 16 日至 7 月 31 日对龙须沟进行第一期专项整治，在金鱼池、天坛北坛根等处埋设四条共计 6070 米的下水道干管；第二期工程于 10 月 12 日至 11 月 22 日进行，在红桥至东南护城河段埋设 2433 米的下水道干管，并将明沟改为暗沟，填平龙须沟沟身。

183. 天桥附近的金鱼池是养金鱼的吗?

是养金鱼的。天桥以东，龙须沟东段北侧曾有一片水洼，名为金鱼池，是旧时人们取土烧砖而形成的一个个积水的窑坑，后来干脆在这些窑坑中蓄养金鱼。清代这里归官府所有，每年定期向皇宫的膳房进贡红鲤鱼。这里的鱼坑最多的时候有六七十个。

1949 年后，政府对龙须沟东侧进行了改造。金鱼池被挖成一片湖泊，改造为人民公园，里面还设有游船，环境大为改观。当时金鱼池公园北面居民较多，很多老百姓喜欢在夏日的傍晚在湖边架起小饭桌，一家人边乘凉边吃饭，往北还能看到天坛祈年殿，很是惬意。但金鱼池属于死水，每隔几年便要大清理一次，否则就会沦为臭水沟。因此，20 世纪 60 年代，政府决定将金鱼池彻底填埋，并在其基础上建设了一批简易楼供市民居住。

184. “天桥八大怪”是什么?

“天桥八大怪”是指从清末至民国不同时期，活跃在北京天桥地区进行民间曲艺表演的八位著名艺人。他们或身怀绝技、技艺超群，或相貌奇特、言行怪异，在群众中留下深刻的印象。根据时间大概分为三个时代，第一代“天桥八大怪”产生于清末；第二代“天桥八大怪”大概出现在辛亥革命后的北洋政府时期；第三代“天桥八大怪”大概出现在 20 世纪 30 年代至新中国成立初。

“天桥八大怪”之程傻子

“天桥八大怪”之赛活驴

185. 天桥两大地标“新世界游艺场”和“四面钟”分别建在哪里?

1918 年 2 月 11 日（正月初一），新世界游艺场大楼在天桥以西不远处落成开业。新世界游艺场是一座模仿上海大世界游艺场的洋式风格五层环形楼。一楼是剧场，二楼是电影院和杂耍场，三楼是曲艺厅，四楼是中西餐厅，五楼是屋顶花园，楼内加装了新式电梯。新世界游艺场营业一年后，出现了竞争对手。在新世界南侧一站地处，新建了另一家城南游艺园（今友谊医院西院地界），并在城南游艺园西南角（今禄长街北口与北纬路相交处）修建了一座四面钟。据史料记载，这座四面钟楼高十几米，四面皆装有钟表，成为当时的地标建筑。20 世纪 50 年代初期，天桥地区开辟街道，整修路面，四面钟被拆除，新世界游艺场也于 80 年代中期拆除。2003 年根据老照片在天桥市民广场复建了四面钟，但无论是比例还是细节都和老四面钟略有不同。

新世界游艺场

民国时期的四面钟

2003 年复建的四面钟

186. 天桥地区曾经还有过一座土耳其风格清真寺建筑吗?

是的，叫天桥清真寺。民国二十年（1931）五月建成，天桥清真寺和北京其他几座清真寺区别很大，此建筑属于民国时期仿土耳其风格建筑，大门朝东上砖雕回文。大厅可供千人同时做礼拜，大殿的朝西方向指向沙特阿拉伯的麦加。天桥清真寺见证了穆斯林与北京传统砖木建筑结合的一种建筑体量。原址 1986 年被改建为伊斯兰教经学院。

刚刚修好的天桥清真寺（1931 年 5 月）

187. 唯一一座印作邮票的自然博物馆是哪座？

国家自然博物馆。国家自然博物馆位于北京中轴线南段东侧，现有建筑面积 23000 余平方米。国家自然博物馆馆藏藏品 40 余万件，珍稀标本数量在国内自然博物馆居首位，国家自然博物馆的前身可追溯至 1951 年 4 月的中央自然博物馆筹备处。

1958 年 5 月现址主体建筑落成，由时任中国科学院院长郭沫若题写馆名。1959 年 1 月开馆，是新中国依靠自己的力量筹建的第一座大型自然历史博物馆。1962 年 1 月定名为北京自然博物馆。2023 年 1 月更名为国家自然博物馆。

国家自然博物馆

十四、天坛

188. 天坛在古代是用来做什么的?

天坛在明清两代是帝王祭祀皇天、祈五谷丰登之场所。

189. 天坛的坛门分别是哪九座?

内坛门七座，分别为北、东、西三座天门和泰元门、昭亨门、广利门、成贞门，外坛门两座是祈谷坛门、圜丘坛门。

190. 故宫等皇家建筑均为黄色琉璃瓦，为什么天坛祈年殿屋顶是蓝色琉璃瓦?

祈年殿建于明永乐十八年（1420），初名“大祀殿”，为一矩形大殿，用于合祀天地。明嘉靖二十四年（1545）改为三重檐圆殿，殿顶覆盖上青、中黄、下绿三色琉璃，寓意天、地、万物，并更名为“大享殿”。清乾隆十六年（1771），改三色瓦为统一的蓝瓦金顶，定名“祈年殿”，古人用这种蓝色象征天色，这种颜色的瓦也是天坛特有的。

祈年殿

191. 祈年殿的柱子的数量和尺寸有什么寓意?

祈年殿内部结构无大梁和长檩，檐顶以柱和枋承重。共有28 根楠木大柱，柱子环转排列。中间 4 根龙井柱高 19.2 米，直径 1.2 米，代表一年四季，支撑上层屋檐，中间 12 根金柱代表 12 个月，支撑着第二层屋檐；外围 12 根檐柱代表 12 时辰。

192. 我们今天看到的祈年殿是哪年建造的?

今天的祈年殿是光绪时期重修的。清光绪十五年（1889）八月二十四日，由雷电引发大火，祈年殿发生火灾，烧毁房屋七十余间。次年开始重建，用时六年于清光绪二十二年（1896）完工。

英军随军记者菲利斯·比托（Felice Beato）

拍下了祈年殿最早的一张照片（咸丰十年，1860）

祈年殿被雷火烧毁后，无法找到前朝的建筑图样，最后只能根据参与过修缮工程的工匠回忆来完成设计方案。

历经七年重建完成后的祈年殿（1900年）

193. 祈年殿在古代是用来做什么的?

是明清两代皇帝孟春祈谷之所。《礼记》载:“孟春之月，天子乃以元日祈谷于上帝。”孟春，即为正月。此时，万物复苏，祭天也是农业的祭祀——渴望风调雨顺，五谷丰登。

194. 皇乾殿的作用是什么?

皇乾殿是祈谷坛的“天库”。大典时祈年殿所供奉的“皇天上帝”和皇帝列祖列宗的神位平日在殿内供奉。祈谷大典前一日，皇帝亲临上香，行请神礼后，才由太常寺官员将神位以龙亭恭请至祈年殿内陈放。该殿建于永乐十八年（1420），为五间庑殿顶，上覆蓝色琉璃瓦的大殿。

皇乾殿

195. 祈年殿东边的七十二长廊是做什么用的？

是宰牲亭、神厨、神库连接祈谷坛的封闭式通道。长廊宽 5 米，长 295 米，共 72 间，又称“七十二连房”，前窗后墙，连檐通脊。祭祀前夕，典礼所需玉帛牲醴（lǐ）、粢（zī）盛庶品等一应供品，沿长廊送上祭坛。

196. 祈年殿东边草坪上放有八块大石头代表什么寓意？

嘉靖年间，于大享殿东南放置巨型镇石七块，上刻山形纹，讹传系陨石，寓意泰山七峰。满族入主中原后为表明满族亦华夏一员，乾隆帝诏令于东北方向增设一石，有华夏一家、江山一统之意。

197. 天坛有一座“花甲门”是谁开辟的？

皇帝祈谷均需自正道（丹陛桥）步行至祭坛。乾隆三十七年（1772），乾隆帝已达花甲之年，感到力不从心，特辟此门，以减少皇帝行走之劳，称“花甲门”。

花甲门

198. 天坛古稀门是谁开辟的?

乾隆四十六年（1781），乾隆帝时年七十，官员建议在皇乾殿西侧辟一小型角门，供皇帝祭祀行礼出入以减少步行路程，乾隆欣然采纳。但又恐子孙均走此门形成懈怠不恭之习，便下诏明确“今后子孙寿达七十者方可出入此门”，故称此门为“古稀门”。此后，清代各帝均无高寿者，事实上出入此门者仅乾隆帝一人而已。

古稀门

199. 圜丘坛和祈谷坛之间为什么要设丹陛桥？

丹陛桥长 360 米，是连通圜丘坛和祈谷坛的一条高出地面 4 米的大道。大道中部下有东西向券洞通道，故名桥。桥面宽 30 米，中间石板大路为“神路”，供天帝专用；东侧砖砌路面称“御路”供皇帝专用，陪祀王公大臣只能在西侧的“王路”上行走，上下进退等级分明。丹陛桥北高南低，北行令人步步登高，如临天庭。

圜丘坛已经长满杂草（美国摄影师甘博 1917—1919）

圜丘坛

丹陛桥

200. 皇穹宇有什么作用?

皇穹宇建于嘉靖九年（1530）。初为重檐圆形建筑，是圜丘坛天库的正殿。用于平日供奉祀天大典所供神位。嘉靖十七年（1538）改名为“皇穹宇”。乾隆十七年（1752）改建为今式。皇穹宇殿高19.5米，直径15.6米，木拱结构，严谨、精致，上覆蓝瓦金顶，精巧而庄重。殿内天花藻井为青绿基调的金龙藻井，中心为大金团龙图案，是古代建筑杰作。

皇穹宇
（美国摄影师20世纪20年代拍摄）

皇穹宇前丹陛石

201. 皇穹宇的回音壁为什么能够“传声”？

之所以有回音效果，是因为皇穹宇围墙的建造暗合了声学的传音原理。围墙的表面直径651米，高3.27米，由磨砖对缝砌成，光滑平整，弧度柔和，有利于声波的规则折射。加之围墙上端覆盖着琉璃瓦，使声波不至于散漫地消失，形成了回音壁的回音效果。当人们分别站在东西配殿的后面靠近墙壁轻声讲话时，虽然双方相距很远，但仍可以非常清楚地听见对方的声音。

202. 三音石为什么可以有三个回音?

皇穹宇殿前的第三块石板，人称“三音石”。站在石上击掌一次，却能听到三次回音，十分奇妙。因这块石板恰于圆形回音壁的圆心位置，从这里发出的声波经由东、西配殿和回音壁墙面的反射，均能回到圆心；又因两个反射体到圆心的距离较大，所以能听到三次回音。

203. 为什么祈年殿、皇乾殿和皇穹宇里都摆放着“皇天上帝”神位?

从殷商出土的甲骨文就有“帝”这个称呼。殷人认为“帝”高居于天，又不同于凡人，所以用祭祀祖先之礼待之。人间的王也被称为“帝”，人们将天神沿用“上帝”的称号，以和人间的“帝”相区别。殷商之后便是周代，周王朝建立了系统的礼乐制度，“天”开始正式作为祭祀和占卜的神格出现。和殷人所信奉的“帝”一样，“天”被周人当作民族神及最高神所供奉。成书于春秋时期的《诗经》中“帝”和“天”这两个神格已相混同。而在《尚书》中有“皇天”一词，也有“皇天上帝”之称。至此，华夏民族最高等级神的称呼由“帝”变为“天”，再到“天”“帝”混同，演变出“昊天上帝”与“皇天上帝”。

北京天坛在明代初期的天地合祀大典中，正位设昊天上帝、皇地祇神位；明嘉靖九年（1530）实行天地分祀，圜丘冬至大祀正位设昊天上帝神位；嘉靖十七年嘉靖皇帝将“昊天上帝”改为“皇天上帝”。至此，北京天坛供奉神位便为“皇天上帝”。

皇天上帝神位

204. 明清两朝共有多少位皇帝亲御天坛祭天？

自明永乐十八年（1420）建成，明、清两代共有 22 位皇帝亲御天坛，举行了 654 次祭天大礼。

205. 天坛最后一次举行官方祭天大典是哪年？

1914 年 12 月 23 日冬至日，袁世凯身着衮冕出席祭天，这是天坛最后一次以官方名义正式举行祭天（袁世凯时任中华民国大总统）。

袁世凯去往圜丘坛祭天

穿好冕服，登上圜丘坛准备开始祭天的袁世凯

206. 明清帝王冬至祭天的地方在哪里？

在圜丘。圜丘建于嘉靖九年（1530）。每年冬至在台上举行“祀天大典”，俗称祭天台。初为一蓝琉璃圆台，乾隆十四年（1749）扩建，同时变蓝琉璃为汉白玉石栏板，艾叶青石台面。圜丘的石阶、各层台面石和石栏板的数量，均采用“九”和“九”的倍数，以应“九重天”。通过对“九”的反复运用，强调天至高无上的地位。

207. 圜丘上哪块石头是“天心石”？

圜丘的上层台面四周环砌九圈台面石，中心圆形石板称“天心石”。其外环砌石板九块，再外一圈为十八块石板，以后依次递增九块，直至“九九”八十一块，寓意“九重天”。

圜丘天心石

208. 圜丘西南耸立的大杆是做什么用的？

圜丘西南设望灯，为高 2.15 米、径 1.4 米圆柱形竹编灯笼。望灯杆高古尺九丈（28.8 米），顶端有如意杆和滑轮，以控制望灯升降。下以石砌望灯台和夹杆石固定，旁以三根巨大木质戗杆支撑，十分稳固。祈谷大典于黎明前开始，届时望灯高悬杆头，以警示全坛庄重严肃。

209. 圜丘东南方向绿琉璃砌筑的巨大圆形砖炉是做什么用的？

绿琉璃砌筑的巨大圆形砖炉叫燔柴炉。祈谷大典开始时，先置一刳（kū）净牛犊于炉上，以松枝、苇把燔烧，以迎天神，称

“燔柴迎帝神”。祀典礼成，皇天上帝神案上所列一应供品和祝版、帛均恭运炉内焚化。皇帝也需一旁恭立、目视，称“望燎”。

燔柴炉

210. 燔柴炉旁边并排摆放的八个铁炉是做什么用的?

八个铁炉是用于焚化供品的铁炉。这里的八座燎炉分别焚化配位（清朝前八代皇帝神位）前所陈放的供品。

燎炉

211. “神乐署”是什么机构？

神乐署建于永乐十八年（1420），原名神乐观，隶属太常寺，是祭祀乐“中和韶乐”的教习管理机构。署内有凝禧殿、显佑殿、昭佾所、穆佾所、伶伦堂及袍服库等建筑。

神乐署

212. 明清时期北京城总共建造了几座斋宫？

明清时期北京城有四座斋宫：先农坛斋宫，建于明天顺年间，清乾隆时期改为庆成宫，不再用于斋戒；地坛斋宫，建于明嘉靖年间；紫禁城斋宫，建于清雍正九年（1731）；天坛斋宫，历史最久，建于明永乐十八年（1420），面积最大，占地4万平方米。

213. 既然天坛内建有斋宫，为什么紫禁城里还要再建造一座斋宫？

清雍正九年（1731），由于雍正帝担心天坛斋宫地处偏僻，恐被人暗害，而不敢在天坛斋宫独宿三昼夜。但祭天又是国家大典，不能擅自废弃典制而不祭。因而，想出了一个内斋与外斋相结合的办法，即在紫禁城东路南端，另建一座斋宫，称内宫。每逢祭天皇帝先在宫内独宿三昼两夜，叫“致内斋”；在祭天前一日的夜间 11 点钟，才来到天坛斋宫“致外斋”。实际上皇帝在天坛内的斋宫只停留四五个小时。

214. 斋宫的布局是坐西朝东的，皇帝作为“九五之尊”，居住的地方为什么不是坐北朝南的呢？

因为封建帝王都自命为“奉天承运的天子”，是皇天上帝的儿子。祭天的建筑坐北朝南，皇帝只能退居到臣子之位、坐西朝东了。

215. 斋宫的建筑为什么没有使用黄琉璃瓦？

斋宫建筑群除了无梁殿和寝宫铺设绿色琉璃瓦，其他均覆灰瓦。建筑彩画为旋子彩画，丹壁浮雕饰以云纹。如此简洁的装饰，正是为了表现皇帝在上天面前的谦卑、崇敬之心。

216. 皇帝斋戒期间需要做哪些事情？

要做到不饮酒、不作乐、不食荤辛、不理刑名、不吊丧、不与妻妾同寝、清心寡欲，每日诵读圣贤文章，反省自己的得失，对天长思，以期与天相通。

217. 斋宫内为什么还建有钟楼？

明代斋宫设木架，悬铜钟。每有皇帝进出斋宫均鸣钟迎送。乾隆八年（1743）建重檐歇山二层钟楼一座，内悬永乐年铸素面大钟一口，名“太和钟”。钟体巨大浑厚，钟声圆润洪亮。大典前，皇帝起驾出斋宫，开始鸣钟，到达祭坛则钟声止。

218. 斋宫正殿为什么叫“无梁殿”？

无梁殿即斋宫正殿，建于永乐十八年（1420）。此殿因以砖拱承重，不用梁枋而得名。皇帝进出斋宫均在此举行有关礼仪。现殿内明间按乾隆时期原貌陈列，横额“钦若昊天”为乾隆御笔，屏风、宝座均为原物，十分珍贵。

斋宫无梁殿

斋宫无梁殿（正殿）广场早期旧照

219. 斋宫正殿前广场的树是什么时期种植的?

民国时期种植。1917 年清明，民国政府定植树节，时任民国大总统黎元洪率阁僚在斋宫以东植树。国会参众两院议员也群起响应，种植了大量树木，从此斋宫正殿前广场开始有大量树木。

1917 年植树后拍摄的斋宫无梁殿广场

220. 斋宫正殿前的小型殿宇式石龛有什么用途?

时辰亭

斋宫正殿前的小型殿宇式石龛叫“时辰亭”。祭天大典开始前，由钦天监官员将时辰牌进于时辰亭。皇帝依所奏时辰，从容起驾出宫，临坛行礼。斋戒期间若有要事，也需将奏折先放进时辰亭内，故亦称“奏事亭”。

221. 斋宫正殿前的绿琉璃瓦石亭有什么用途?

铜人石亭

该亭为铜人石亭。四柱石制，上为砖砌，是一高 5.5 米、面积 2 平方米的精美小亭。每于祀前帝王斋戒期间，亭内几上置一铜人（高一尺五寸），手执一牌，上书“斋戒”二字，以随时警醒皇帝敬诚致斋。

222. 斋宫石亭内的小铜人是谁?

传说此人原型是唐代名臣魏徵。

斋宫小铜人

223. 斋宫正殿悬挂的“钦若昊天”匾额有什么寓意?

斋宫正殿悬挂着乾隆帝御笔的“钦若昊天”匾额。“钦若昊天”四个字是从中国现存最早的史书《尚书》中来的。所谓“昊天”，就是昊天上帝；所谓“钦若”，就是敬顺的意思。在这里，“若”

字用的是本义，也就是顺从，因此，“钦若”绝不能理解成“恭敬的样子”。

天坛斋宫正殿正中高悬墨底金书“钦若昊天”匾额

224. 皇帝来斋宫斋戒期间的寝宫在哪里?

寝宫位于斋宫正殿的西边小院内，坐落在三级台阶的台基上，是一座绿琉璃瓦单檐硬山顶建筑。南面的两间是初夏和夏至用的，而北面的两间则是冬至和初春用的。

斋宫寝宫

225. 斋宫还曾经办过学校吗?

随着清朝的灭亡，天坛也从此失去了皇帝祭天和祈谷等皇家功能，斋宫在民国时期一度办起了北平私立念一中学。

北平私立念一中学在斋宫办学时的大门

226. 天坛公园内有一座双亭，是天坛原有的建筑吗?

此亭叫“双环万寿亭”。是由一对重檐圆亭套合而成，结构奇特严谨，造型端庄匀称。屋面覆孔雀蓝琉璃瓦，色彩明快，国内古建仅存一例。传为乾隆六年（1741），乾隆帝弘历为其母祝贺五十大寿所建。平面形状寓意一对寿桃，亭前台阶形若两个桃尖，取意“和合、吉祥、长寿”之意。该亭原位于中南海内，1976 年迁建于此。

双环万寿亭

十五、先农坛

227. 先农坛是何时建造的?

先农坛始建于明永乐十八年（1420），原名“山川坛”，大体格局形成于明嘉靖年间。清乾隆时期经历较大规模重修，是明清两朝帝王祭祀先农神和举行亲耕典礼的地方。

228. 先农坛有几座坛门?

先农坛分外坛、内坛、神祇坛三部分。外坛两门，东侧之北有太岁门，之南有先农门；内坛东西南门各一门，简称东南西北天门；神祇坛开有神祇门一座，所以先农坛共计有 7 座坛门。

先农坛坛门

229. 什么是耤田?

耤田，耤音同“集”，《史记》中又作“籍田”，《汉书》《旧唐书》等作“藉田”，明清以后多写作“耤田”。本义是耕作，后引申为借民之力耕田。《说文解字》中对“耤”是这样解释的:“……古者使民如借，故谓之耤。”意为耤田是天子的祖宗产业，在井田制度下称为“公田”。公田因要依靠借助私力才能完成农事，所以又称耤（jiè）田，这就是耤田的真正含义。

230. 什么是耤田礼?

早在周朝，作为一个以农业为生的民族，周人非常重视农业生产。上到统治阶级，下到庶民百姓，无不如此。周天子每年都会带领臣子和庶民在天子的耤田里躬亲耕作，并形成一套相应的礼仪——耤田礼。《研经室一集》中描述耕耤礼的情形:“耕耤之礼，必躬亲者,(《礼记·月令》) 天子乃择元辰，躬耕帝籍。”

雍正亲耕图局部

231. 清代皇帝耕田面积是多少?

北京先农坛的耕田面积是一亩三分地（清制），约为 798.72 平方米。一亩三分地长 11 丈，宽 4 丈，分为 12 畦，中间为皇帝亲耕之位，三公九卿从耕，位于两侧。

观耕台及一亩三分地（观耕台北为俱服殿，西北为拜殿）

一亩三分地

232. “五谷丰登”中的五谷是哪五种农作物?

稻、黍、粟、麦、菽。

233. 明清时期到先农坛行亲耕礼次数最多的皇帝是哪位?

清乾隆帝，28次。

234. 历史上最后一次亲耕礼是哪位皇帝?

光绪帝。发生在清光绪三十三年（1907），这是清代也是中国历史上的最后一次亲耕礼。

235. 现存观耕台是什么时期建造的?

建于清乾隆十九年（1754），砖石结构，台高 1.6 米，台平面 19 米见方，须弥座以黄绿琉璃砖砌筑，装饰精美。

观耕台

236. 旗纛庙有什么用途?

旗纛庙，是祭祀军旗兵器、祈求战争胜利的场所。乾隆十八年（1753），乾隆颁旨修缮先农坛各处建筑。乾隆认为，旗纛之神每年秋季均在各校军场祭祀，没有必要在先农坛旗纛庙重复祭祀，且该庙为明代所建，于是下令拆除旗纛庙，将神仓移建于此。

237. 神仓为什么被称为“天下第一仓”?

先农坛里有一座设计精巧、结构坚实的粮仓。这座粮仓，因存放明清时期皇帝“一亩三分地”所收获的粮食，用来祭祀天、地、日、月、太庙、社稷、先农、先蚕诸神，以及历代帝王、至圣先师孔子等，故被称为神仓，也有“天下第一仓”的美誉。

神仓圆廪（Jhr mr dr A.J. van Citters 于 20 世纪初拍摄）

238. 神仓院由哪些建筑组成？

整个神仓院为长方形，东西宽 41.2 米，南北长 83.4 米，总占地面积 3436 平方米。院内建筑呈轴线对称分布，从南往北依次为山门、收谷亭、圆廪、祭器库，左右两侧分别建有碾房、仓房、值房。圆廪后的卡墙将神仓院分成前后两进，中间以圆门连通。

239. 圆廪指哪座建筑？

圆廪是神仓院的核心建筑，专门用来贮存碾磨好的祭祀神灵的粮食。圆廪为圆筒形木质粮仓，屋顶为单檐圆攒尖顶，覆盖绿剪边黑琉璃瓦。

240. 圆廪南边的收谷亭有什么用途？

圆廪南边的收谷亭为四角尖顶方亭，同样覆盖绿剪边黑琉璃瓦，南北各有三级台阶，四面敞开便于晾晒谷物。收谷亭与圆廪神仓东西两侧，共有四座面阔三间的配殿。北边两配殿为存放耤田收获谷物的仓房，顶部正中设有悬山式天窗，利于通风换气，防止谷物发霉；南边两座配殿为筒瓦硬山顶的碾房，用来碾磨谷物，然后贮存于神仓。

先农坛收谷亭和圆廪

241. 皇帝亲耕耤田的各种农具存放在哪里？

神仓后院正中为祭器库，面阔、进深均为五间，专门用于存放皇帝亲耕耤田的各种农具。祭器库两侧院墙上各辟有一扇角门，角门南侧各有一座东西向值房，常年有人驻守巡查。

祭器库

242. 神仓是如何做到贮存的粮食防潮、防腐、防蛀的？

古人在长期的贮存实践中，找到了解决这一问题的办法，即在圆廪、仓房、收谷亭等建筑物梁架上，绘制雄黄玉旋子彩画。这种彩画是由清式建筑彩画演变而来，以黄色为底色，饰以青绿色相间的旋子花瓣，勾勒墨色线条，不沥粉，不贴金。它的特殊之处在于所用颜料由雄黄和樟丹调制而成。其中，雄黄是一种含有硫、砷等元素的有毒矿物质，会随着时间的推移缓慢释放到空气中，既可抑制细菌滋生，又可防止虫害袭扰。樟丹系用铅、硫黄、硝石等合炼而成，亦具毒性，有防潮、防腐、防虫的效果。这种彩画既有装饰美观的作用，又利于神粮的长期保存。

神仓雄黄玉旋子彩画

243. 明代太岁殿内曾经供奉着多少神祇？

明代太岁殿称山川坛正殿。山川坛建成后至明嘉靖帝改建之前，山川坛正殿内一直供奉风、云、雷、雨天神，岳、镇、海、渎地祇，城隍、天寿山。嘉靖改制后，殿内只供奉太岁神，将其余神祇迁出。

太岁殿

244. 明清两朝有哪些皇帝祭祀过太岁神？

作为明清先农坛祭祀神祇之一，太岁神罕有皇帝亲自祭祀，多为派遣官员代为祭祀。据《明实录》《清实录》记载，明清两代亲祭太岁神的皇帝，只有明太祖朱元璋一人，共计 18 次（南京）。清代只记载雍正帝、乾隆帝、道光帝在祭祀先农之神后到太岁殿拈香，没有年首岁尾按定制亲自祭祀的记载。

245. 天神坛与地祇坛在哪里？

天神坛、地祇坛是明嘉靖时期根据典章制度改革的需要，于先农坛内坛南门外增建的。用以供奉风云雷雨、山岳海渎等神灵，以祈求风调雨顺，保佑农业的丰收，成为中国古代重农尊祖思想的体现。

天神坛，隐约可见神祇门

（瑞典人喜仁龙 20 世纪 20 年代由北向南拍摄）

地祇坛石龛

246. 天神坛与地祇坛分别祭祀哪些神祇?

天神坛祭祀“云、雨、风、雷”天神，即风伯、云师、雷师、雨师。

地祇坛祭祀岳、镇、海、渎之神。涵盖五岳（东岳泰山、西岳华山、南岳衡山、北岳恒山、中岳嵩山）、五镇（东镇青州沂山、西镇雍州吴山、南镇扬州会稽山、北镇幽州医巫闾山、中镇翼州霍山）、明代五陵山（基运山、翊圣山、天寿山、神烈山、纯德山）、清代五陵山（启运山、天柱山、隆业山、昌瑞山、永宁山）、四海（东海、西海、南海、北海）、四渎（黄河、长江、淮水、济水）、京畿名山、京畿大川。即天下名山之神、天下大川之神。

247. 清代哪位皇帝祭祀天神地祇次数最多？

嘉庆帝。总共 12 次。

248. 庆成宫有什么用途？

庆成宫为皇帝行耕耤礼后休息和犒劳随从百官茶果的地方。庆成宫，面阔五间，进深七檩，单檐庑殿顶，屋顶遍施绿色琉璃瓦，前出月台，台阶两侧安放有日晷、时辰碑厅。庆成宫大殿始建于明天顺三年（1459），当时叫作“斋宫”，是皇帝祭祀亲耕前斋戒的地方；乾隆二十年（1755），改名为“庆成宫”。

庆成宫，正殿的门窗已经被美军加以改造

（小川一真拍摄于 1901 年）

249. 北京地区唯一一座重檐悬山顶建筑是哪座?

先农坛宰牲亭，是北京地区唯一一座重檐悬山顶建筑。

宰牲亭

250. 先农坛是什么时候开辟为公园的?

随着 1911 年清王朝的倒台，先农坛也就失去了其祭祀意义。1914 年年底，先农坛外坛北部由商人承租开辟为城南游艺园；1915 年，先农坛内坛开辟为先农坛公园；1918 年，城南游艺园和先农坛公园合并为城南公园。

251. 先农坛体育场是哪年建造的?

先农坛体育场在 1934 年确定地址，1936 年奠基，1937 年 2 月正式开工。几经周折，直至 1938 年 4 月，“先农坛公共体育场”的匾额才在东大门悬挂起来。

先农坛体育场

252. 毛泽东主席唯一一次现场观看的国际足球比赛是在哪里?

1955 年 10 月 30 日，中华体总训练班与苏联泽尼特队在先农坛体育场举行了一场友谊赛，双方最终战成 2 比 2 平。毛泽东、周恩来、朱德、贺龙等党和国家领导人专门来到现场观赛，这也是毛主席一生中唯一一次现场观看的国际足球比赛。

十六、永定门

253. 永定门的名称寓意及作用是什么？

永定门寓意“永远安定”。

明清两代，永定门也是皇帝南苑围猎、阅兵、会见达赖喇嘛的必经之路。清康熙帝下江南，也都是从永定门出发。

254. 永定门在明末曾经有过一次鏖战吗？

明崇祯二年（1629）十二月丁卯，皇太极亲率满蒙八旗劲旅十余万，与袁崇焕部四万人鏖战于永定门外沙子口一带。明军四位总兵满桂、孙祖寿战死，黑云龙、麻登云被俘。

255. 永定门建造初期就建有门楼、箭楼吗？

永定门始建于明嘉靖三十二年（1553）闰三月，同年十月完工。嘉靖四十三年（1564）增筑瓮城，未建箭楼。乾隆三十一年（1766）修缮永定门时，扩建永定门城楼为七开间，三重檐形式，并增筑箭楼。至此，永定门最终形成城楼、瓮城、箭楼的完整形制。

永定门门楼、箭楼及瓮城（瑞典学者喜仁龙拍摄）

永定门门楼

256. 永定门城门上“永定门”三个字是原来的字样吗?

是的。2003 年，人们在先农坛北京古代建筑博物馆门口的一株古柏树下，发现了一块保存完好的永定门石匾。据考证，这块石匾正是明嘉靖三十二年（1553）始建永定门时的原配石匾。现在人们看到的，重建的永定门门洞上方所嵌石匾上的“永定门”三字，就是仿照这块石匾雕刻的。

257. 永定门内曾经修建过铁路吗?

确实修过一段。1900 年，八国联军入侵北京后，天坛成为侵略军的大本营。为了便于运进军需物资，运走掠夺的财富，侵略军扒掉永定门西侧的城墙，将铁路从永定门外的马家堡直接通到天坛西门，后被拆除。

永定门内的铁道及车站，旁边的墙即天坛的院墙
（丹麦人瓦德马尔·蒂格森于 1901 年拍摄）

258. 永定门门楼和箭楼是什么时候拆除的？

1950 年年底至 1951 年年初，永定门拆除瓮城，城楼和箭楼成为两座孤立的建筑。1958 年，永定门城楼、箭楼被相继拆除。

永定门箭楼及瓮城原位置

259. 永定门门楼是哪年复建的?

2003 年 3 月，北京市文物研究所考古队对永定门旧址进行考古发掘。2004 年 8 月 18 日，永定门城楼大脊最后一块瓦“合龙”。2005 年 9 月，崭新的永定门城楼正式亮相于北京中轴路的南端。复建的永定门城楼，城台东西长 31.41 米，南北宽 16.96 米，高 8 米，城楼总高 26.04 米，为歇山式三滴水原样式，古朴典雅。

从永定门城楼望中轴线及前门

260. 永定门复建工程为什么只复建了门楼，而没有复建箭楼和瓮城?

因为箭楼和瓮城旧址已经在当时的南二环主路和南护城河河道上了，无法复建，所以暂缓复建箭楼和瓮城。

261. 永定门南面的墩台是什么?

墩台叫“燕墩”。燕墩在元、明时期叫“烟墩”，是一座平面呈正方形的高台。高 9 米，上窄下宽。台底各边长 14.87 米，台面长 13.9 米，台底至台面高约 9 米。台顶四周原有 0.5 米高的女儿墙，现已无存。墩台西北角有石门两扇，入门后拾阶可登，历 45 级，通达台顶。中央有方形台基座，正中耸立着一座通高 8 米的石碑，碑下部为束腰须弥座，台座四周各雕花纹五层，分别为云、龙、菩提珠、菩提叶等图案，束腰部分用高浮雕技法精雕出 24 尊水神像，均袒胸裸足趺坐于海水之上，形态各异，栩栩如生。碑体南、北面分别镌刻乾隆十八年（1753）用汉、满文字对照的两篇碑文——《御制皇都篇》和《御制帝都篇》，碑文皆出自乾隆手笔，记述北京幽燕之地的徽记，堪称北京的史记篇。

燕墩

262. 为什么说燕墩是北京五镇之一？

燕墩为南方之镇。京城五镇之说可见《清朝野史大观 · 京师五镇》："京师俗传有五镇。"此五镇分别是：东方之镇黄木厂；南方之镇烟墩；西方之镇大钟寺；北方之镇昆明湖；中方之镇景山。这五镇分列于五个方位，对应金、木、水、火、土之五行；每个方位正好可以占两个天干。

参考文献

刘阳 . 北京中轴百年影像 [M]. 北京：北京日报出版社，2021.

刘阳 . 带你看北京中轴线 [M]. 北京：天天出版社，2021.

李哲 . 中轴之门 [M]. 北京：北京日报出版社，2023.

北京东城区图书馆 . 北京中轴线史话：云游中轴线纵观八百年 [M]. 北京：团结出版社，2023.

含章 . 故宫知识 200 问 [M]. 北京：紫禁城出版社，2011.

北京古代建筑博物馆 . 先农坛百问 [M]. 北京：学苑出版社，2002.

金梁 . 天坛志略 [M]. 北京：北京出版社，2021.

北京古代建筑博物馆 . 北京先农坛志 [M]. 北京：学苑出版社，2020.

北京市崇文区地方志办公室 . 前门史话 [M]. 北京：中华书局，2006.

北京市人民政府天安门地区管理委员会 . 东方红——天安门图史 [M]. 北京：中共党史出版社，2018.

北京市东城区政协学习和文史委员会 . 钟鼓楼 [M]. 北京：文物出版社，2009.

北京市景山公园管理处 . 景山 [M]. 北京：文物出版社，2008.